# KLIMABAUHAUS BERLIN

## Die adaptive Stadt: Berlin als Reallabor der Klimaanpassung

STEPHAN RAMMLER

# KLIMA BAUHAUS BERLIN

Die adaptive Stadt:
Berlin als Reallabor der Klimaanpassung

DIETZ

Herausgegeben für die Friedrich-Ebert-Stiftung von Nora Langenbacher

# INHALTSVERZEICHNIS

# 0

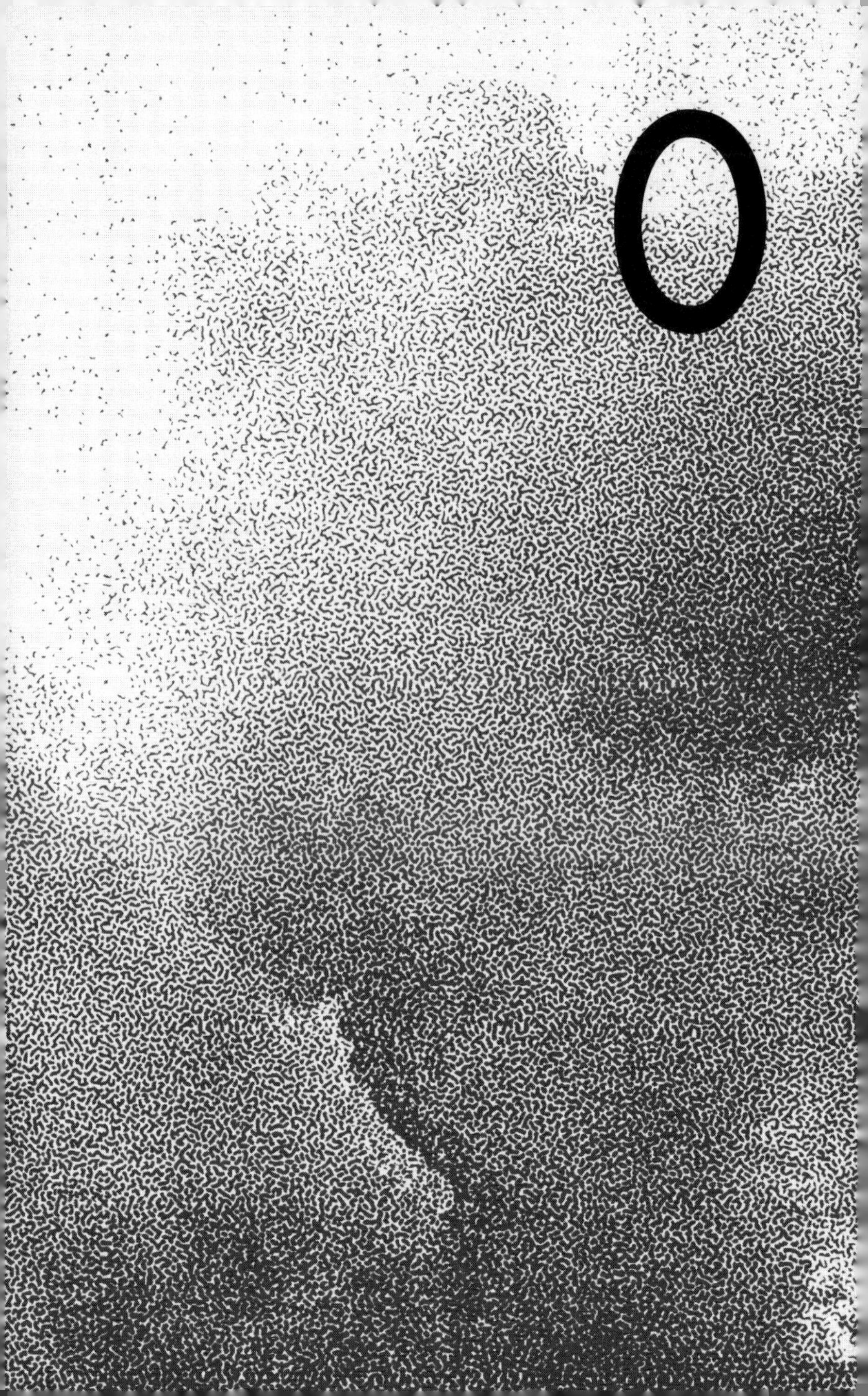

# VORWORT

Am Klimawandel und seinen Auswirkungen auf unser tägliches Leben kommt niemand mehr vorbei. Diese in wissenschaftlichen Diskursen seit Langem unstrittige Analyse wird angesichts der sich in den letzten Jahren häufenden Extremwettersituationen wie Hitze, Starkregen, Dürre und Überflutungen nun auch für die breite Bevölkerung in Deutschland immer spürbarer.

Dabei sind urbane Räume wie die Hauptstadt Berlin ganz besonders zu unverzüglichen und nachhaltigen politischen Antworten auf das sich verändernde Klima aufgefordert. Denn im Stadtraum zeigen sich die Auswirkungen des Klimawandels wie unter einem Brennglas: Hitze wird in der verdichteten Stadt eher gesteigert als gesenkt, die Menschen haben weniger grüne Orte, an denen sie sich abkühlen können, und während einerseits Wassermassen bei Starkregen in der versiegelten Stadtfläche nicht versickern können, leiden andererseits die Straßenbäume zumeist unter zu wenig Niederschlag.

Was bedeutet diese Situation für Berlin und seine Bevölkerung? Welche Szenarien erwarten die Hauptstadt in den nächsten Jahrzehnten? Und wie können Politik und Gesellschaft sich bestmöglich an diese veränderten Bedingungen anpassen? Welche Schritte sind zu unternehmen, welche Akteur_innen sind gefordert?

Diese Fragen standen am Beginn der vorliegenden Studie und wir freuen uns sehr, dass wir den renommierten Zukunftsforscher Professor Dr. Stephan Rammler für deren Bearbeitung gewinnen konnten. Besonders dankbar sind wir für den spezifischen Charakter dieser eher unüblichen Publikation. Denn sie wagt in zweierlei Hinsicht eine neue Herangehensweise: Zum einen setzt sie auf inhaltlicher Ebene neue politische Akzente, da nicht die Eindämmung des Klimawandels, sondern dezidiert die Anpassung daran im Fokus steht. Zum anderen geht Stephan Rammler auch stilistisch neue Wege: Der letzte Teil der Studie skizziert als fiktionales Szenario auf kreative und ungewohnte Weise eine gelungene Anpassung der Hauptstadt an die gravierenden Herausforderungen unserer Zeit. Für dieses fast literarische „Positivnarrativ" als Impulsgeber für mutige und zukunftsfähige Hauptstadtpolitik, die zugrunde liegende Analyse und die gute Zusammenarbeit sei dem Autor an dieser Stelle sehr herzlich gedankt!

Die Studie erscheint im Rahmen unserer landespolitischen Arbeit für Berlin als Stadt der Zukunft – eine Arbeitslinie, mit der wir seit 2018 immer wieder Zukunftsthemen einer Stadt von morgen aufrufen. Wir hoffen, dass von dieser Studie konstruktive Impulse für eine nachhaltige Anpassungspolitik im Sinne der „Klimabauhaus"-Idee ausgehen werden.

In diesem Sinne wünsche ich eine interessante und anregende Lektüre!

Nora Langenbacher
Landesbüro Berlin der Friedrich-Ebert-Stiftung

# KURZFASSUNG: BERLIN ALS BRENNGLAS UND REALLABOR DER ERDERWÄRMUNG

Wir befinden uns heute an einem Punkt, an dem wir uns eingestehen müssen, dass der Klimawandel zweifellos stattfindet und sich immer stärker entfaltet, offenbar sogar viel schneller und intensiver als bislang von der Wissenschaft erwartet. Mit dieser sich immer mehr durchsetzenden Erkenntnis kommt es zu einer Neugewichtung politischer Prioritäten weg vom Leitbild der Verhinderung oder Verlangsamung der weiteren Erderwärmung hin zum Leitbild der Bewältigung durch gesellschaftliche Anpassung.

Städte wirken wie Brenngläser der Erderwärmung, viele der Folgen des Klimawandels konzentrieren sich dort oder sind aufgrund der engen Bebauung, fehlender Belüftungsschneisen und der reduzierten Verdunstung (weil Bäume, Grün- und Freiflächen fehlen) besonders ausgeprägt. Dieser Effekt wird auch als Urban Heat Island Effect (städtischer Wärmeinsel-Effekt) bezeichnet. Auch Berlin wird sich in den kommenden Jahrzehnten zu einem Schaufenster des forcierten Klimawandels entwickeln und sich in sehr kurzer Zeit an ihn anpassen müssen, da die Stadt in einer zukünftig besonders trockenen Region Deutschlands liegt.

Es wäre fatal, würde man Berlin nicht zugleich zu einem Reallabor urbaner Klimaresilienz umbauen, indem es vor allem gelingt, die ungleichen sozioökonomischen Verteilungseffekte und zu erwartenden sozialen Schieflagen aufgrund der unterschiedlichen Klimastressbetroffenheit auszugleichen. Angesichts der ohnehin dringend anstehenden Erneuerung der teilweise stark überalterten und defizitären Infrastrukturen kommunaler Daseinsvorsorge und angesichts der gleichzeitigen Notwendigkeit, sehr viel neuen Wohnraum zu schaffen, stellt nur der politische Dreiklang aus Infrastrukturmodernisierung, aufeinander abgestimmter Klimamitigation und Klimaanpassung ein zukunftsfestes Leitbild der Stadtentwicklung dar. Bei frühzeitiger und entschiedener Handlungsbereitschaft von Politik und Zivilgesellschaft könnte sich Berlin als Vorbild einer Stadt etablieren, deren gesellschaftlicher Zusammenhalt durch die gemeinsame Bewältigung der Krise sogar gestärkt wird.

## PROTEKTIVES STAATLICHES HANDELN IST ERFORDERLICH

Berlin wird in absehbarer Zukunft das Klima einer südeuropäischen Stadt haben. Während die südlichen Städte sich aber über Jahrhunderte und mitunter sogar Jahrtausende mit einem sich nur sehr langsam wandelnden Klima entwickeln konnten, muss sich Berlin in extrem kurzer Zeit an die neue Situation anpassen. Dies kann nur mithilfe gezielter und massiver politischer Interventionen gelingen. Die langfristig-evolutiven und kulturell eingebetteten Klimaanpassungsinnovationen südlicher Länder müssen hier gewissermaßen kurzfristig simuliert, stimuliert und stabilisiert werden. Für den Staat, der bereits in der Pandemie zum Hauptakteur des Krisenmanagements wurde, bedeutet dies eine Revitalisierung im Lichte seiner aktuellen legitimatorischen Neuerfindung als „protektive Technokratie".[1] Dabei

---

1 → Philipp Staab: Anpassung. Leitmotiv der nächsten Gesellschaft, Frankfurt a. M. 2022. S. 192.

gilt es zu akzeptieren, dass die Bewältigung der Folgen des Klimawandels kein einmaliges und abschließbares Unterfangen ist, sondern ein sehr langfristiger Prozess, der eine andauernde Anpassung an die sich ständig verändernden Realitäten der Erderwärmung erfordert. Mit anderen Worten: Stetige, nicht nachlassende Klimaadaption gehört zu den Kernaufgaben der aktuellen und zukünftigen Berliner Stadtentwicklungspolitik in vielen kommenden Jahrhunderten.

## NEUES LEITBILD „URBANE KLIMARESILIENZ"

Vor diesem Hintergrund ist es erforderlich, schnell und vorrangig eine Strategie urbaner Klimaresilienz zu entwickeln, konsequent anzuwenden und zur Prämisse zukünftiger Stadtentwicklungspolitik zu machen. Für die Bewältigung der Folgen der Erderwärmung müssen kommunale Daseinsvorsorge und Gemeinwohl gestärkt, die Zivilgesellschaft eingebunden und Strategien zur gezielten Steigerung der Resilienz urbaner Gebietskulissen und ihrer spezifischen Quartierslagen zügig entwickelt und schnell genutzt werden. Urbane transformative Resilienz wird hier definiert als die Fähigkeit Berlins und seiner Bevölkerung, auf Krisen oder Katastrophen widerstandsfähig zu reagieren, sich anzupassen und sich dabei zugleich weiterhin nachhaltig und klimaneutral umzugestalten und zu modernisieren.

Konkret übersetzt sich die Forderung nach einem Leitbild urbaner Klimaresilienz in Berlin in politische Strategie- und Handlungsempfehlungen, deren übergeordnetes Ziel die Fähigkeit zur vorausschauenden Transformation und zum systematischen

Krisenmanagement in allen Handlungsfeldern integrierter Stadtentwicklung ist. Zu diesem Zweck sind zum einen die bestehenden stadtentwicklungspolitischen Gestaltungskriterien wie Dichte und Nutzungsmischung um die Dimensionen der Robustheit, Flexibilität, Redundanz in der Infrastrukturentwicklung[2], der Stärkung der Quartiersebene und der interkommunalen Kooperation auch über die Landesgrenze zu Brandenburg hinaus zu ergänzen. Zum anderen gilt es, sehr zügig eine krisenfähige Verwaltung aufzubauen, die sich durch Schnelligkeit, Flexibilität, Pragmatismus und Gestaltungswillen auszeichnet und mit hinreichenden finanziellen Mitteln ausgestattet ist.

Diese Studie beschreibt die künftigen transformativen Herausforderungen Berlins in einer sich erwärmenden Welt. Ein politischer Forderungskatalog formuliert innovative Strategien und Lösungsansätze zur Klimaanpassung Berlins. Schließlich wird versucht, diese Ergebnisse in einer narrativen Art und Weise als hinreichend komplexe und zugleich integrierte Erzählung unterschiedlicher Teilentwicklungen auch für eine breitere Öffentlichkeit beispielhaft aufzubereiten.

---

**2** → Der Begriff Redundanz stammt vom lateinischen *redundare, überlaufen, sich reichlich ergießen* und meint eine zusätzliche Reserve funktional gleicher oder vergleichbarer Komponenten eines technischen Gerätes oder eines Systems. Diese werden bei einem störungsfreien Betrieb nicht benötigt und dienen im Notfall der Erhöhung der Ausfall- und Betriebssicherheit.

# 1

# EINLEITUNG: PROBLEMAUFRISS UND HINTERGRUND DER FRAGESTELLUNG

Es war zuletzt die Coronapandemie, insbesondere ihr unerwartetes Ausmaß und die entsprechenden Herausforderungen für die politische Krisenbewältigung, die verdeutlichte, wie fragil die hoch technologisierte und komplex vernetzte globale Welt ist. Auch in der Metropole Berlin legte die Pandemie wie ein Brennglas Strukturprobleme und Sollbruchstellen unserer Gesellschaft offen: Das Gesundheitssystem stieß an seine Grenzen, soziale Schieflagen und Ausschlussmechanismen wurden verstärkt, die staatlichen Strukturen waren extrem gefordert. Gleichzeitig entstanden neue Räume und Systeme der zivilgesellschaftlichen Solidarität und Unterstützung. Die Covid-19-Krise hat deutlich gezeigt, dass Berlins moderne Stadtgesellschaft beziehungsweise seine überkommenen Strukturen der Daseinsvorsorge schnell an den Rand der Überforderung geraten können. Damit unterstrich die Pandemie einmal mehr die dringende Notwendigkeit einer zukunftsorientierten protektiven Politik, die Krisensituationen jedweder Art besser bewältigen kann und einen komplexeren langfristigen Gestaltungsanspruch hat.

Die Erderwärmung ist unter den heute in der Fachwelt diskutierten existenziellen Risiken wohl das am stärksten ausgeprägte und aufgrund seiner Globalität und Langfristigkeit folgenreichste, und zugleich ein Vulnerabilitätstreiber, vor allem für die urbanen Verdichtungsräume. Anders als die Pandemie, die aufgrund ihrer Plötzlichkeit und der rasanten globalen Verbreitung kaum Vorbereitungszeit ließ, entfaltet sich der Klimawandel vor unseren Augen, und seine Folgen sind besser erforscht.

Es ergeben sich daraus gewisse politische Spielräume für vorausschauende und vorsorgende Politikansätze, auch wenn die jetzt bereits eingetretene Erwärmungsdynamik nicht mehr anzuhalten ist. Daraus folgt auch für Berlin die sozialpsychologisch und stadtpolitisch nicht zu unterschätzende doppelte Herausforderung, einerseits weiterhin alle möglichen Schritte zu unternehmen, um möglichst schnell die Klimaneutralität Berlins zu realisieren, und andererseits Politiken für die Anpassung der Stadt an die Erwärmungsfolgen zu entwickeln, die schon nicht mehr vermeidbar sein werden. Doch was heißt das konkret für Berlin? Auf welche wahrscheinlichen Probleme muss sich die Hauptstadt in welchen politischen Handlungs- und Gestaltungsfeldern wie genau vorbereiten? Welche Akteur_innen und Strukturen werden benötigt, welche Ansätze werden bereits diskutiert oder schon umgesetzt? Wie also kann sich Berlin „zukunftsfest" gegenüber dem Klimawandel machen?

Die Friedrich-Ebert-Stiftung hat vor diesem Hintergrund eine Studie beauftragt, die aus der Perspektive der Zukunfts-, Transformations- und Resilienzforschung die Risiken und Adaptionsnotwendigkeiten untersucht, welche die Hauptstadt angesichts des Klimawandels erwarten. Ziel dieser Studie soll sein, die wahrscheinlichen Herausforderungen für die Berliner Landespolitik aufzuzeigen und daraus heutige und zukünftige Bedarfe beziehungsweise Handlungsoptionen für politische Akteur_innen abzuleiten. Deutlich werden soll dabei auch die potenzielle Transformationskraft von Krisen, die Berlin dabei helfen kann, in eine langfristig nachhaltige, klimaneutrale und zugleich klimaadaptive Stadtentwicklung einzutreten.

Zusammengefasst formuliert soll die Studie auf Basis des aktuellen Forschungsstands den folgenden Fragen nachgehen:

→ Welche Herausforderungen kommen in den nächsten Jahrzehnten durch den Klimawandel auf Berlin zu? Wodurch könnten bestehende Systeme politischer Gestaltung und Reaktionsfähigkeit herausgefordert werden, mit Blick auf die direkten und indirekten Effekte der Erderwärmung für Berlin?

→ Welche politischen Handlungsoptionen und Empfehlungen lassen sich daraus ableiten? Wie lässt sich die Anpassungsfähigkeit und transformative Kraft Berlins ausbauen und verstetigen?

→ Wie lassen sich die Ergebnisse der Studie in einer narrativen Art und Weise als hinreichend komplexe und zugleich integrierte Erzählung unterschiedlicher Teilentwicklungen auch für eine breitere Öffentlichkeit aufbereiten und kommunizieren?

Zunächst wird der aktuelle Stand der wissenschaftlichen Diskussion zu Klimawandel und urbaner Resilienz knapp dargelegt (Kapitel 2).

Es folgt die Beschreibung der klimabedingten Herausforderungen Berlins und seines Umlands. Das Brandenburger Umland einzubeziehen ist notwendig, weil beispielsweise die Wasserverfügbarkeit in Berlin eng mit dem Wassermanagement im Land Brandenburg verknüpft ist. Auch hat das Land im Jahr 2023 eine eigene Klimaanpassungsstrategie formuliert, auf die aus geografischen Gründen Bezug genommen wird (Kapitel 3).

Nach dieser sekundäranalytisch hergeleiteten Beschreibung der Ist-Situation und der erwartbaren Entwicklungen werden die politischen und zivilgesellschaftlichen Handlungsoptionen Berlins zur Steigerung der urbanen Klimaresilienz dargestellt. Dabei wird die These vertreten, dass angesichts der überalterten und defizitären Infrastrukturen kommunaler Daseinsvorsorge und der besonderen Dringlichkeit, ausreichenden günstigen Wohnraum zu schaffen, nur der strategische Dreiklang aus zeitgleicher und aufeinander abgestimmter Stadterneuerung, Klimamitigation und dynamischer Klimaanpassung ein zukunftsfestes Leitbild der Stadtentwicklung darstellt (Kapitel 4).

Das Fazit (Kapitel 5) führt die Fakten und Argumente der Studie zusammen und gibt einen Ausblick in Form zugespitzter politischer Empfehlungen für urbane Klimaresilienz (Kapitel 6).

Das abschließende und umfassendste Kapitel liefert ein narratives Positivszenario der Umwandlung Berlins zu einem Bauhaus urbaner Klimazukunft mit Vorbildcharakter für Städte und Regionen weltweit. Berlin könnte sich bei frühzeitiger und konsequenter Handlungsbereitschaft als Vorbild einer Stadt etablieren, deren gesellschaftlicher Zusammenhalt durch die Krise gestärkt wird. Die Darstellung in Form eines narrativen und normativen Szenarios soll es erleichtern, neben den abstrakten Fakten und Informationen der Studie auch einen intuitiven, gesamthaften und emotionalen Zugang zur Zukunft Berlins zu erhalten (Kapitel 7).

# 2

# STAND DER WISSENSCHAFTLICHEN DISKUSSION ZU KLIMAANPASSUNG UND URBANER RESILIENZ

Es ist eine Tatsache: Der Klimawandel ist da und er wird auch nicht wieder weggehen. Wir befinden uns heute an dem Punkt, an dem wir uns eingestehen müssen, dass der Klimawandel fortschreiten wird, womöglich in allen Facetten einer sich nach und nach entfaltenden zivilisatorischen Katastrophe, so lange, bis die Erdsysteme wieder den Zustand eines stabilen Gleichgewichts erreicht haben. Das kann dauern, Jahrhunderte, womöglich tausend Jahre, vielleicht – was der Blick auf die vergangenen Prozesse langfristiger Veränderungen des Klimas in der Erdgeschichte befürchten lässt – auch noch länger. Das kann man als den langen Notfall der Klimatransformation bezeichnen. Ein Notfall ist eigentlich durch Kurzfristigkeit gekennzeichnet, im Idealfall folgt auf ihn möglichst schnell eine Reaktion, um seine Ursachen abzustellen und zugleich die Folgen so gering wie möglich zu halten.

Anders geht es uns mit dem Klimawandel. Auch hier sollten wir schnell reagieren, um ihn in seiner weiteren Dynamik einzuhegen, soweit es möglich ist. Aber der Klimawandel ist kein einmaliges, in sich abgeschlossenes katastrophales Großereignis, eben kein Notfall im uns bekannten Sinne, sondern ein zunächst langsam und dann immer schneller voranschreitender Prozess. Weil wir uns offenkundig mit der schnell wirksamen Verhinderung weiterer Erderwärmung sehr schwertun, werden wir uns wohl oder übel zugleich anpassen müssen an die sich weiter verändernden Realitäten des Klimawandels.

Mit dieser sich langsam durchsetzenden Erkenntnis kommt es zu einer Neugewichtung politischer Prioritäten, zu einer schrittweisen Umorientierung vom Leitbild der Verhinderung oder Verlangsamung der Erderwärmung zum Leitbild der Bewältigung durch gesellschaftliche Anpassung. Idealerweise wäre auf eine Koevolution der beiden Paradigmen zu hoffen, zu befürchten ist nach heutiger Lage der Dinge allerdings eher, dass sich mit der weiteren Intensivierung der Klimaerwärmungseffekte und den damit verbundenen ökonomischen und politischen Notwendigkeiten der Klimaanpassung der gesellschaftliche Möglichkeitsraum der ohnehin schwierigen Klimawandelminimierung immer weiter verkleinert. Womöglich einfach deswegen, weil es neben der fehlenden Akzeptanz ganz schlicht auch an Zeit, finanziellen Mitteln und Fachleuten mangeln könnte.

Diese Situationsbeschreibung wird von der neuesten Studie der Europäischen Umweltagentur (European Environment Agency, EEA) in ihrem Bericht über Klimarisiken für Europa gestützt.[3] Sehr eindringlich weisen die Autor_innen darauf hin, dass Europa sich doppelt so schnell wie der Rest der Welt erwärmt. Darüber hinaus mahnen sie vor diesem Hintergrund an, dass in Europa bislang viel zu wenig getan wird, um sich auf die Entwicklung einzustellen. Die EEA hat für diese Studie 36 Klimarisiken identifiziert, die sie in die Bereiche Ökosysteme, Ernährung, Gesundheit, Infrastruktur und Wirtschaft und Finan-

**3** → EEA: European climate risk assessment. Executive summary. Report 01/2024, Kopenhagen 2024. Etwa zeitgleich berichten Versicherungskonzerne, dass die Schäden durch erwärmungsbedingte Starkwetterereignisse wie Gewitter, Sturm und vor allem Hagelschlag im weltweiten Durchschnitt um 5,9 Prozent zunahmen, während das globale Bruttosozialprodukt nur um 2,7 Prozent wuchs. Das zeigt, dass sich der finanzielle Spielraum der globalen Gesellschaften zur Reparatur erwärmungsbedingter Schäden immer weiter verringert. Auch die Versicherungen haben zunehmend Probleme, die Wiederherstellung der Versicherungsgegenstände zu finanzieren (*Der Spiegel* vom 29.12.2023).

zen untergliedert. Jedes dieser Risiken habe bereits für sich allein genommen das Potenzial, erhebliche Umweltzerstörung, wirtschaftliche Schäden, soziale Notlagen und politische Turbulenzen zu verursachen. Erst recht aber bedrohten die in ihren konkreten Auswirkungen und Dynamiken bislang kaum prognostizierbaren Synergien dieser Klimarisiken die gesellschaftliche Stabilität. Diese Studie ist ein wirklich lauter Weckruf, doch droht er im Lärm der multiplen Krisen der Gegenwart unterzugehen.

## EXISTENZIELLE RISIKEN UND RESILIENZFORSCHUNG

Die Klimaerwärmung ist eben nur ein Problem von vielen, wenngleich auf absehbare Zeit das größte. Die Gesellschaften der Gegenwart stehen vor Herausforderungen, deren Natur und Zusammenwirken uns oft nur schwer verständlich sind. Die zurückliegende Pandemie hat diese Situation zugespitzt und den Illusionismus des Immer-weiter-so moderner Wachstumsgesellschaften erodieren lassen. Sie hat als Katalysator neuer Einsichten gewirkt, als Brennglas sozialer Bruchlinien, als Reallabor für Innovationen. In ihrem Verlauf machte diese Krise zudem überdeutlich, welche enorme Komplexität wechselwirksamer Abhängigkeiten unsere globale Zivilisation erreicht hat.

Heute ist die Welt durch anwachsende Volatilität, Unsicherheit, Komplexität und Ambiguität (VUKA) geprägt. Ohne eine in hohem Maße transformative Politik in diesem Jahrzehnt geht die Menschheit kolossale Risiken ein. Angesichts der wachsenden Sensibilisierung für diese Verwundbarkeit wird heute die Frage nach „Schutzfaktoren" und „Schutzstrategien" aufgeworfen, die Gesellschaften befähigen, Krisen zu widerstehen und mit Unvorhersehbarkeiten umzugehen. Für den Staat, der in der Pandemie zum Hauptakteur des Krisenmanagements wurde, bedeutet dies die Chance auf eine Revitalisierung, auch im Lichte seiner womöglich erforderlichen legitimatorischen Neuerfindung als „protektive Technokratie"[4]. Nicht unwahrscheinlich ist vor diesem Hintergrund, dass die Wertschätzung des Staates als Gestalter lebenswerter und krisenfester Zukünfte 40 Jahre nach Beginn seiner neoliberalen Entzauberung mit Macht zurückkehrt.

Aus wissenschaftlicher Sicht konvergieren unter dem Eindruck der VUKA-Welt die unterschiedlich gelagerten Potenziale der Zukunftsforschung, der Nachhaltigkeits- und Transformationsforschung, der Technikfolgen- und der Risikoforschung in einem heuristischen und konzeptionellen Leitbild, das man als „transformative Resilienz"[5] bezeichnen könnte. Die hohe Akzeptanz gesellschaftlicher Verletzlichkeit und das Einüben eines klugen und vorausschauenden politischen, wirtschaftlichen und sozialen Umgangs mit Störereignissen werden dabei zusammen mit der Nachhaltigkeitstransformation als zentral für die Gestaltung von Zukunftsfähigkeit verstanden.

## Resilienz und Nachhaltigkeit: transformative Resilienz

Die Verwendungsvielfalt des Begriffs „Resilienz" ist enorm. Die unterschiedlichen Definitionen werden meist entlang eines Spektrums zwischen einem statischen und einem dynamischen Pol diskutiert. Das statische Leitbild definiert Resilienz als

---

4 → Philipp Staab: Anpassung. Leitmotiv der nächsten Gesellschaft, Frankfurt a. M. 2022, S. 192.

5 → Felix Beer/Stephan Rammler: Zwischen den Zeitenwenden. Transformative Resilienz als Leitbild der Zukunftsgestaltung, in: oekom e. V. Verein für ökologische Kommunikation/IZT – Institut für Zukunftsstudien und Technologiebewertung (Hg.): Resiliente Zukünfte. Mut zum Wandel, München 2021, S. 17–26.

Fähigkeit von Entitäten, nach Störungen in den Ausgangszustand zurückzufinden. Das dynamische Leitbild betont die Fähigkeit, sich zu verändern, langfristig zu überleben und zu prosperieren. Ziel ist dabei nicht der Zustand vor einem Schockereignis, sondern eine stetige Anpassungsleistung unter sich ständig verändernden Umweltbedingungen.[6] Krisen müssen also nicht zwangsläufig zu dauerhaft desolaten Entwicklungen oder sogar Entwicklungsabbrüchen führen, sondern können auch Entwicklungschancen und den Aufbruch in eine neue Normalität bieten.

Heute wird mitunter diskutiert, ob Resilienz die Nachhaltigkeit als Leitmotiv ersetzen kann, was mit Blick auf ihre schwache Normativität verwundern könnte. Demgegenüber bietet Nachhaltigkeit eine starke normative Ausrichtung. Ihr Ziel ist die Gestaltung ökologisch verträglicher, sozial gerechter und ökonomisch erfolgreicher Gesellschaften und insofern ist Nachhaltigkeit seit jeher ein Konzept, das durch das Zusammendenken wirtschaftlicher, sozialer und ökologischer Dimensionen eine höhere Resilienz von Systemen verspricht. Die Leitbilder Resilienz und Nachhaltigkeit können sich, so betrachtet, wechselseitig ergänzen: In einer krisenhaften Welt wird Resilienz zu einer Grundvoraussetzung für den Erfolg der Nachhaltigkeitsziele. Nur wenn der sozial-ökologische Umbau krisenfest gestaltet wird, können zukünftige Gesellschaften langfristig stabil sein und damit den Bedürfnissen künftiger Generationen gerecht werden. Andersherum bieten die Ziele der Nachhaltigkeit einen Wertekompass für die Entwicklung einer resilienten Gesellschaft, die nicht nur widerstands- und anpassungsfähig, sondern auch zivilisatorisch wünschenswert ist.

---

**6** → Karim Fathi: Resilienz – taugt dieser Begriff als „Ein-Wort-Antwort" auf die Häufung von Krisen?, in: Forschungsjournal Soziale Bewegungen. Plus, 29 (4), 2014, https://forschungsjournal.de/fjsb/wp-content/uploads/fjsb-plus_2014-4_fathi.pdf.

## Handlungsfelder eines integrativen Leitbilds der Zukunftsgestaltung

Vor diesem Hintergrund wird transformative Resilienz hier als Fähigkeit gegenwärtiger wie zukünftiger Gesellschaften definiert, neben einer massiven, also nachhaltigen Transformation zugleich mit den trotz aller Bemühungen sicher anzunehmenden Krisen und Verwerfungen der Zukunft angemessen und klug umzugehen. Klimawandel, Degradationen der Ökosysteme (Verlust von Biodiversität, Bodenerosion, Meeres- und Waldsterben), weiter steigender demografischer Druck und der daraus resultierende Ressourcenbedarf, schließlich die Digitalisierung, sind Megatrends, die in ihrem synergetischen Zusammenwirken im Rahmen der etablierten gesellschaftlichen und ökonomischen Entwicklungspfade zwangsläufig zu Zuspitzungen und Herausforderungen unbekannter Art führen werden. Systemische Nachhaltigkeit muss deswegen also so gestaltet werden, dass sie robust gegenüber den aus dieser Konvergenz resultierenden Störereignissen ist.

Einen klugen praktischen Umgang mit Stressereignissen stellt der Resilienzzyklus dar. Dieser Ansatz von Charlie Edwards[7] beinhaltet fünf Dimensionen: „prepare" (Gefahren beobachten), „prevent" (Gefahren abwehren oder minimieren), „protect" (Störungen abfangen), „respond" (wieder auf die Beine kommen), und „recover" (sich anpassen, lernen). Daran angelehnt werden hier fünf Handlungsfelder für die Förderung transformativer Resilienz vorgeschlagen: Vorausschau, Prävention, Protektion, Reaktion und Regeneration. Diese Ansätze sind komplementär zueinander. Sie müssen miteinander verknüpft werden – ein Ansatz allein reicht in der Regel nicht aus:

---

7 → Charlie Edwards: Resilient Nation, London 2009.

→ Handlungsfeld Vorausschau: Ausbau von Krisenradaren

Resilienz ist ein relatives Konzept, das nur mit Blick auf ein spezifisches Störereignis in einem bestimmten Kontext bestimmt und erprobt werden kann. Ein zentraler Ausgangspunkt transformativer Resilienz ist es daher, Fähigkeiten zur Früherkennung möglicher Störereignisse in relevanten Transformationsfeldern nachhaltiger Entwicklung (Energie-, Mobilitäts-, Ressourcen-, Ernährungs-, Konsumwende usw.) zu erlangen.

→ Handlungsfeld Prävention: Abbau von Stressoren

Wird eine Bedrohung frühzeitig identifiziert, gebietet es die Gefahrenabwehr, ihren Eintritt zu verhindern. Präventive Maßnahmen – wie etwa Klimapolitik – zielen darauf ab, Ursachen zu bekämpfen und dadurch Gefahren vorzubeugen. Bei diesem Ansatz geht es darum, Stressoren auszuschalten oder ihre Wirkung zu begrenzen.

→ Handlungsfeld Protektion: Verringerung von Verwundbarkeiten

In Zeiten zunehmender Volatilität reicht Ursachenbekämpfung jedoch nicht mehr aus. Erforderlich ist es, Vorkehrungen für Krisen zu treffen, die relativ sicher eintreten werden, und die Widerstandsfähigkeit kritischer Infrastrukturen gegen Störereignisse auszubauen. Um strukturelle Schwächen zu identifizieren und abzubauen, ist es unerlässlich, Metriken und Indikatoren zur Bewertung von Verwundbarkeit und Resilienz zu entwickeln. Nur so ist es möglich, systematischer als bisher nach Schwachstellen zu suchen und den Nutzen von Investitionen zu bewerten oder festzustellen, wie bestimmte Maßnahmen Resilienz beeinflussen. Vorsorgemaßnahmen, wie der Ausbau von Redundanz und Dezentralität, führen kurzfristig zu Kosten. Doch sind sie eine kluge Rückversicherung gegen Störungen, die sich einer klaren Abschätzung noch entziehen.

→ Handlungsfeld Reaktion: Minderung negativer Konsequenzen im Krisenfall

Der Umgang mit Störereignissen muss zukünftig als zentraler Bestandteil guten Regierens aufgefasst werden. Indem frühzeitig Notfallvorkehrungen getroffen werden, kann die Anpassungsfähigkeit von Gesellschaften verbessert und so die negativen Konsequenzen im Falle einer unerwarteten Krise verringert werden. Geeignete Reaktionspläne sind zum Beispiel Sensibilisierungs- und Übungsmaßnahmen. Diese Programme könnten bewirken, dass die Bevölkerung die mit Krisen verbundenen Herausforderungen in ihrem Umfeld besser meistert und negative Auswirkungen in zivilgesellschaftlicher Kooperation vermeiden oder abmildern kann.

→ Handlungsfeld Regeneration: Förderung langfristiger Transformationspotenziale

Antworten auf die gegenwärtigen Herausforderungen erfordern eine langfristige Perspektive auf Veränderungsprozesse, die die systemweite Resilienz gegenüber Krisen stärkt. Eine zentrale Aufgabe für die Umwelt- und Nachhaltigkeitspolitik besteht dabei darin, eine neue Qualität der Handlungsfähigkeit für das politische Management komplexer Systeme aufzubauen. Das erfordert Datenreichtum und Tools für wissenschaftsbasierte Politikansätze sowie neue und erweiterte Kompetenzen der Vorausschau, des System- und Transformationsdesigns und des Managements von Resilienz.

## URBANE RESILIENZ

Die wissenschaftliche Literatur speziell zur urbanen Resilienz hat sich durch den Impuls der Coronapandemie vervielfältigt und konzeptionell stark erneuert und erweitert. Hier soll beispielhaft für den gemeinsamen Tenor das besonders treffend und konzise formulierte „Memorandum für urbane Resilienz"[8] zusammengefasst werden, in dem alle relevanten Aspekte, Forderungen und Ableitungen der derzeitigen wissenschaftlichen Diskussion über urbane Resilienz gebündelt sind.
Urbane Resilienz wird hier beschrieben als die Fähigkeit eines städtischen Systems und seiner Bevölkerung, auf Krisen oder Katastrophen widerstandsfähig zu reagieren und sich dabei zugleich anzupassen und nachhaltig umzugestalten.[9] Das Memorandum enthält folgende Handlungsempfehlungen für die Gestaltung urbaner Gebiete:

→ Anwendung einer Strategie urbaner Resilienz, welche die Dimensionen der Risikoprävention, der vorausschauenden Transformation und eines systematischen Krisenmanagements in allen Handlungsfeldern integrierter Stadtentwicklung umsetzt.

→ Weiterentwicklung und Ergänzung der bestehenden stadtentwicklungspolitischen Leitbilder (zum Beispiel Dichte, Nutzungsmischung) um die Dimensionen der Robustheit,

---

**8** → Bundesministerium des Innern, für Bau und Heimat (BMI): Stadtentwicklungspolitik, Berlin 2021, https://www.bmwsb.bund.de/SharedDocs/downloads/Webs/BMWSB/DE/publikationen/wohnen/urbane-resilienz.html.

**9** → „Urban Resilience is the measurable ability of any urban system, with its inhabitants, to maintain continuity through all shocks and stresses, while positively adapting and transforming toward sustainability" (UN Habitat 2021), https://unhabitat.org/resilience.

Flexibilität und Anpassungsfähigkeit. Gefordert werden zudem mehr urbane Grün- und Reserveflächen, Zwischennutzungen und Experimentierfelder für neue Lebensformen.

→ Verbesserung der interkommunalen regionalen Zusammenarbeit. Dabei sollen die Potenziale der Stadt-Land-Wanderung zur Förderung des Aufbaus kompakter Wohnformen auch im suburbanen und ländlichen Raum genutzt werden.

→ Förderung flexibler und schneller Entscheidungsstrukturen für eine krisenfähige Verwaltung. Dazu gehören Pragmatismus, Gestaltungswillen, digitale Infrastrukturen, analoge Redundanzen und eine um die Dimension der kommunalen Risikovorsorge erweiterte staatliche Daseinsvorsorge.

→ Stärkung der sozialen Resilienz durch Förderung der zivilgesellschaftlichen Partizipation und der Verringerung sozialer Ungleichheit.

→ Stärkung der Quartiersebene durch Förderung solidarischer Nachbarschaften und Minderung sozialräumlicher Benachteiligungen, vor allem hinsichtlich der Betroffenheit durch Umweltrisiken, Gesundheitsgefahren und Chancenungleichheit.

→ Stärkung resilienter und klimaangepasster Infrastrukturen und Strukturen der Gesundheitsversorgung durch robuste und redundante Gestaltung.

→ Klimaresiliente Umgestaltung und Erweiterung des öffentlichen Raums zu einem wohnungsnahen Grün- und Freiraum für vielfältige, auch nicht kommerzielle Nutzungen.

# 3

# BERLIN ALS SCHAUFENSTER DES KLIMAWANDELS: TRANSFORMATIVE HERAUSFORDERUNGEN DURCH DEN KLIMAWANDEL

*Ja, das möchste:*
*Eine Villa im Grünen mit großer Terrasse,*
*vorn die Ostsee, hinten die Friedrichstraße;*
*mit schöner Aussicht, ländlich-mondän (…)*
(Kurt Tucholsky, 1927)

Wer kennt es nicht in Berlin, das Gedicht von Tucholsky über das ideale Leben in Berlin, vorne die Ostsee und hinten die Friedrichstraße. Wer hätte gedacht, dass zumindest das Meer vor der Haustür irgendwann einmal Wirklichkeit werden könnte. Zum Zeitpunkt des Verfassens dieser Studie gelten einige lang gehegte konservative Annahmen des Weltklimarats (International Panel on Climate Change, IPCC) als von der realen Erwärmungsdynamik pulverisiert. Dazu gehören auch und vor allem die Annahmen zum Anstieg des Meeresspiegels. Heute ist anerkannt, dass der Meeresspiegel doppelt so schnell steigt wie vom IPCC in der Vergangenheit angenommen. Der aktuelle IPCC-Bericht erwartet heute einen Anstieg von 70 Zentimetern vor Ende dieses Jahrhunderts und einen Meter zwischen 2100 und 2150. Doch es könnte auch viel schneller gehen, wenn große Eismassen schneller als bislang vorausgesagt in der Antarktis destabilisiert werden. Bei weiterhin so hohen Emissionen ist ein Anstieg von zwei Metern bis Ende des Jahrhunderts und sogar fünf Metern bis 2150 nicht ausgeschlossen. Taut der grönländische Eisschild vollständig ab – der Kipppunkt, ab dem dieses Abschmelzen unaufhaltsam wird, liegt irgendwo zwischen 1,5 und 3 Grad Celsius globalen Temperaturanstiegs, ein Szenario, das immer wahrscheinlicher wird –, steigt der Meeresspiegel um etwa sieben Meter. Schmölze zudem der antarktische Eisschild vollständig ab, würde der globale Meeresspiegel um etwa 58 Meter höher liegen. Das hingegen ist kein Szenario der nächsten hundert Jahre, sondern würde womöglich Tausende Jahre dauern. Hannover, Münster und Osnabrück wären dann Küstenstädte. Berlin und Potsdam ebenso, Teile Berlins würden in diesem Szenario von einem breiten Ausläufer der Nordsee sogar verschlungen. Es läge dann also wie von Tucholsky beschrieben am Meer, wenn auch nicht an der Ostsee, sondern an der Nordsee. Aber beim Klimawandel scheint im Moment sowieso alles anders zu kommen als erwartet.

Erschreckend ist, und darauf soll die anekdotische Einleitung dieses Kapitels hinweisen, dass dieses Abtauen bei Überschreiten eines noch nicht genau identifizierbaren Kipppunktes sich auch nach der Stabilisierung der globalen Temperatur mit hoher Wahrscheinlichkeit unerbittlich fortsetzen würde. Das Konzept der Kipppunkte und der Nichtlinearität des Meeresspiegelanstiegs erklärt die Dringlichkeit der vorgetragenen Forderungen nach schnell wirksamer Klimamitigation. Und es weist vor allem auf ein zentrales Problem der Klimaanpassungspolitik hin: die generationenübergreifende Langfristigkeit der Entfaltung der Erwärmungsfolgen. Der Meeresspiegelanstieg ist kein singulärer Notfall, der mit einer einmaligen Kraftanstrengung, etwa einer groß angelegten Umsiedlungspolitik für die Küstenstädte oder dem Bau von Deichen, bewältigt werden kann, sondern er ist ein langer, ein anhaltender Notfall und also eine Aufgabe, die über viele Generationen hinweg koordiniert werden muss. Eine solche Aufgabe ist menschheitsgeschichtlich völlig neu und es ist vorbildlos, wie es gelingen kann, über eine so lange Zeit die dafür nötige Motivation zu organisieren.

Es ist also nicht wahrscheinlich, dass Berlin in näherer Zukunft am Meer liegen wird, aber der generationenübergreifende Charakter der Anpassungsaufgabe gilt auch für Berlins absehbar größte Probleme: Trockenheit, Hitze und Extremwetter, also Regen und Wind, und deren Folgen für Menschen und Infrastrukturen. Heutige Anpassungsstrategien für Berlin müssen deswegen schon jetzt darüber Auskunft geben, wie die Kontinuität, Dringlichkeit und Finanzierung der Strategien über viele Jahrhunderte aufrechterhalten werden können. Dies sollte beim nachfolgenden Blick auf die Erwärmungsfolgen für Berlin immer mitbedacht werden.

Grundlagen der folgenden sekundäranalytischen Zusammenfassung der wahrscheinlichen Erwärmungsfolgen für Berlin sind eine Studie (AFOK-Studie) für die Berliner Senatsverwaltung für Stadtentwicklung und Umwelt aus dem Jahr 2016 und die aktuelle Klimaanpassungsstrategie des Landes Brandenburg von 2023. Die AFOK-Studie („Anpassung an die Folgen des Klimawandels in Berlin") nimmt das zukünftige Berliner Klima in den Blick. Sie beschreibt auf der Basis globaler und regionaler Klimaszenarien die Klimaveränderungen, die auf Berlin in der nahen (das heißt bis 2050) und der fernen Zukunft (das heißt bis 2100) zukommen werden, und identifiziert vor diesem Hintergrund die Verwundbarkeiten verschiedener gesellschaftlicher Bereiche.[10] Doch keine Stadt

10 → Die AFOK-Studie entstand in einem transdisziplinären Arbeitsprozess unter Einbeziehung der Fachöffentlichkeit und der Berliner Verwaltung auf Senats- und Bezirksebene (Fritz Reußwig et al.: Anpassung an die Folgen des Klimawandels in Berlin [AFOK], Senatsverwaltung für Stadtentwicklung und Umwelt, Sonderreferat Klimaschutz und Energie [SRKE], Berlin 2016). Gewählt wurde eine sektorale, keine räumliche Perspektive. Methodisch basiert die der Studie zugrunde gelegte Klimaprospektion auf einem sogenannten Modellensemble, das heißt, die Ergebnisse mehrerer Modelle wurden in die Zukunftsbetrachtung einbezogen. Verwendet wurden zwölf Kombinationen aus sechs regionalen und fünf globalen zum Zeitpunkt der Studie verfügbaren Klimamodellen. Als Basis diente dabei ein Emissionsszenario, das eine globale Erwärmung zwischen 2,6 und 4,8 Grad Celsius bis zum Ende des 21. Jahrhunderts annimmt. In der Terminologie des IPCC handelt es sich dabei um ein sogenanntes RCP-8.5-Szenario. Ausgegangen wurde von der Spanne an Werten, die von zwei Dritteln der Modelle prognostiziert wurden.

kann ohne ihr Umland existieren, es gibt vielfältige ökonomische, verkehrliche und naturräumlich-ökosystemische Verflechtungen. Daher wurde zusätzlich die Strategie des Landes Brandenburg zur Anpassung an die Folgen des Klimawandels aus dem Jahr 2023[11] ausgewählt. Die beiden Studien gehen von einem identischen Erwärmungsszenario aus und kommen auch zu sehr ähnlichen Ergebnissen die Erwärmungsfolgen betreffend. Die klimatischen Voraussetzungen, die gegenwärtigen Klimabeobachtungen und die bislang erwarteten Auswirkungen des Klimawandels charakterisieren die Region Berlin-Brandenburg als eines der am stärksten verwundbaren Gebiete Deutschlands. Hauptgrund ist die hohe Anfälligkeit für Trockenheit, Dürre und Hitze. Systematisch zusammengefasst ergeben sich die folgenden Effekte der Erderwärmung auf die Region Berlin-Brandenburgs:

**Direkte Effekte der Erderwärmung:**

→ Hitzeentwicklung und trockenheitsbedingte Brände und ihre Auswirkungen auf den menschlichen Körper, Pflanzen, Tiere und die städtischen technischen und gebauten Infrastrukturen: Auf der Basis der Berechnungen kann man für die nahe Zukunft konstatieren, dass die durchschnittlichen Tageshöchsttemperaturen voraussichtlich um weitere circa 1,2 Grad Celsius steigen werden. Für die ferne Zukunft ist mit einem Anstieg um circa 3,2 Grad Celsius zu rechnen. Gegen Mitte des Jahrhunderts werden die Sommer im Schnitt etwa 1 Grad Celsius wärmer sein als heute, gegen Ende um etwa 3 Grad Celsius. Dabei gehört es zu den „Markenzeichen" des Klimawandels, dass die Extremwerte deutlicher zunehmen als die Mittelwerte.

11 → Ministerium für Landwirtschaft, Umwelt und Klimaschutz (MLUK) des Landes Brandenburg: Strategie des Landes Brandenburg zur Anpassung an die Folgen des Klimawandels, Potsdam 2023.

→ Wassermangel im Kontext regionalen und urbanen Wassermanagements und seine Folgen für den menschlichen Körper, Pflanzen, Tiere und die städtischen technischen und gebauten Infrastrukturen: Infolge des Klimawandels wird in Berlin die mittlere Jahresniederschlagsmenge um circa 3 bis 10 Prozent (nahe Zukunft) beziehungsweise 7,5 bis 18 Prozent (ferne Zukunft) zunehmen. Besonders wichtig ist ein Trend im Bereich der Extremwerte: die Zunahme der Zahl der Starkregentage (mehr als zehn Millimeter Niederschlag). Der Klimawandel führt dazu, dass die Berliner_innen zukünftig ungefähr 15 (nahe Zukunft) beziehungsweise 17 (ferne Zukunft) solcher Tage bekommen werden. Das Berliner Wetter wird infolge des Klimawandels unsteter werden: Längere Trockenphasen werden sehr wahrscheinlich mit mehr Starkregen kombiniert auftreten.[12]

→ Starkwetterereignisse (Sturm, Gewitter, Starkregen) und ihre Auswirkungen auf den menschlichen Körper, Pflanzen, Tiere und die die städtischen technischen und gebauten Infrastrukturen: In der variablen Kombination der drei Basiswerte Temperatur, Niederschlag und Wind ergeben sich starke di-

12 → Die Region Berlin-Brandenburg gehört mit einer durchschnittlichen Jahresniederschlagssumme von unter 600 Millimetern schon heute zu den trockensten Regionen Deutschlands. Sehr trockene Jahre waren 2018, 2019, 2020 und 2022. In den vergangenen Jahren wurde eine akute Frühjahrstrockenheit mit gravierenden Auswirkungen auf die Vegetation und die landwirtschaftliche Produktion beobachtet. Die Verdunstung wird aufgrund höherer Temperaturen sowohl im Winter- als auch im Sommerhalbjahr signifikant zunehmen und vor allem im Sommerhalbjahr für eine negative Wasserbilanz sorgen. Starkregen fließt schnell oberflächlich ab und steht so weder für Grundwasserneubildung noch für Pflanzenwachstum zur Verfügung. Mehr winterlicher Niederschlag in Form von Regen statt Schnee erhöht den raschen Abfluss. Die Verlängerung der Vegetationsperiode führt zusätzlich dazu, dass mehr Niederschlag in Pflanzenwachstum umgesetzt wird und so weder dem Grundwasser noch den Oberflächengewässern zur Verfügung steht. Das Wasserdefizit in der Region Berlin-Brandenburg wird deswegen weiter zunehmen und die Grundwasserneubildung um mindestens 25 Prozent bis zur Mitte des Jahrhunderts zurückgehen (ebd., S. 9 ff.).

rekte und indirekte extremwetterbedingte Verletzbarkeiten der Stadtbewohner_innen und der urbanen Systeme durch Regen, Hagel und Sturm.

Aber es wird auch zu indirekten, nicht zu vernachlässigenden Effekten der Erwärmung kommen, die einerseits vor allem auf den temperaturbedingten Vegetationsveränderungen und dem damit erwartbaren Migrationspotenzial pflanzlicher und tierischer Arten beruhen, andererseits aus dem menschlichen Bemühen resultieren werden, sich individuell auf den Klimawandel einzustellen.

**Indirekte Effekte der Erderwärmung:**

→ Artenwanderung und invasive Arten (Mücken, Zecken, Viren etc.) und ihre gesundheitlichen und epidemiologischen Effekte.

→ Vegetationsveränderungen und ihre gesundheitlichen Folgen (zum Beispiel invasive Arten und ihr Allergiepotential, Verlängerung der Blütezeiten und daraus folgendes Allergiepotenzial).

→ Erwärmungsbedingte nationale, inner- und außereuropäische Migration und ihr Folgen für Berlin als Migrationsziel.

→ Folgen privater Klimamitigation (durch Kühlsysteme steigende Energiespitzen, urbane Binnenwanderung und Veränderungen der Wohnkultur).

→ Politische Konflikte und Zuspitzungen aufgrund städtischen Resilienzmanagements (zum Beispiel Einschränkungen des Wasserverbrauchs, Verbot des Betriebs privater Pools).

## Geschwindigkeit und Dauer der Erderwärmung

Schließlich stellen die im klimageschichtlichen Vergleich besondere Geschwindigkeit und die generationenübergreifende Langfristigkeit der Entfaltung der Erwärmungsfolgen urbane Anpassungsstrategien vor ausgesprochen große Herausforderungen, die beim Policy-Design protektiver Politiken unbedingt mitbedacht werden sollten. Die Erderwärmung ist kein singulärer und abschließend zu bewältigender Notfall, sondern ein langer, ein anhaltender Prozess und damit also eine Aufgabe, die über viele Generationen hinweg koordiniert werden muss. Berlin wird in sehr absehbarer Zukunft das Klima einer südeuropäischen Stadt haben. Während die südlichen Städte sich über Jahrhunderte mit dem in ihrer Region langfristig stabilen und nur sehr langsam ändernden Klima entwickeln konnten, muss sich Berlin gezielt in extrem kurzer Zeit an die neue Situation anpassen. Dies kann nur mithilfe gezielter politischer Interventionen gelingen, die langfristig-evolutiven, kulturell eingebetteten und stabilisierten Anpassungsinnovationen südlicher Länder müssen hier gewissermaßen kurzfristig simuliert, stimuliert und stabilisiert werden.

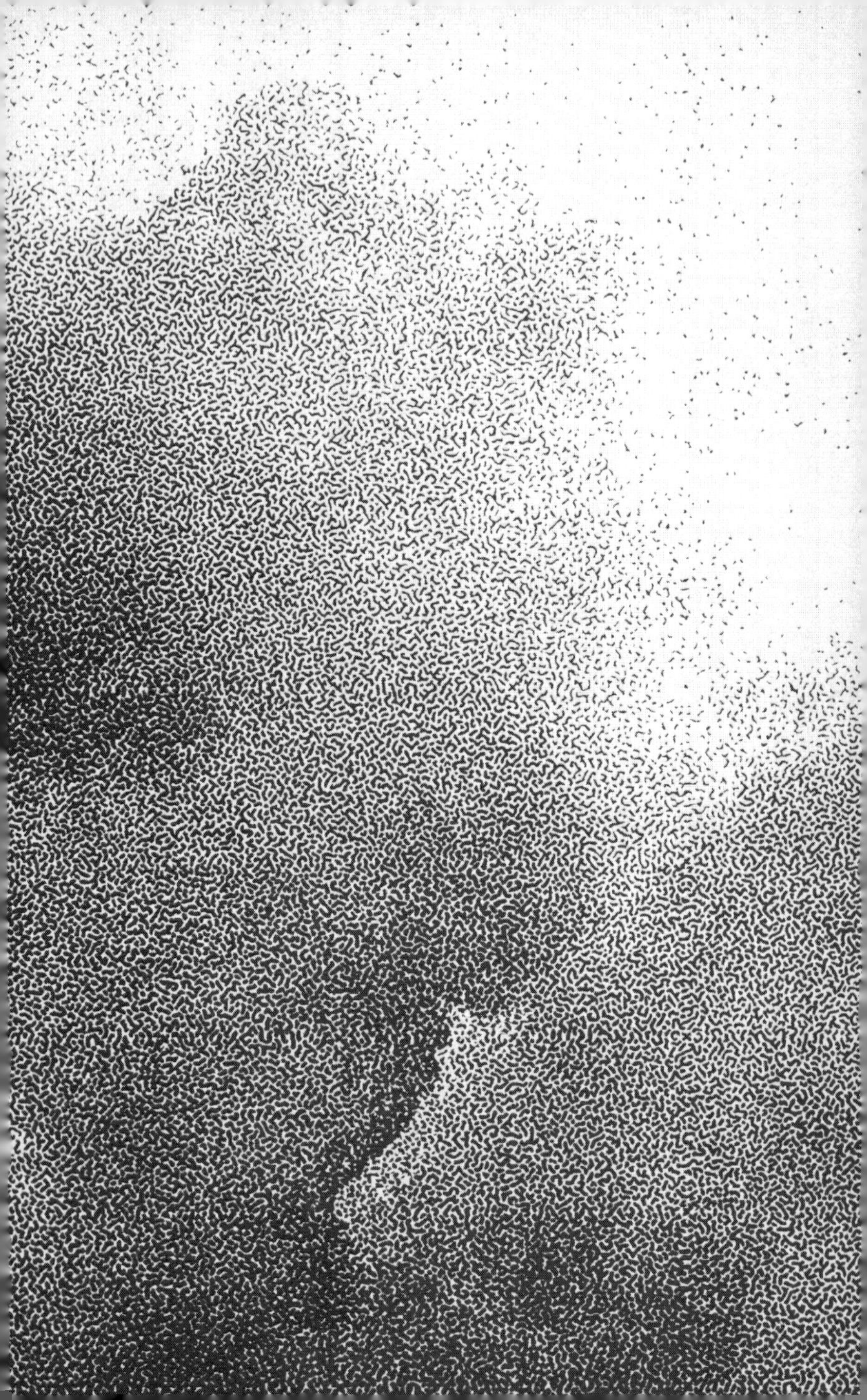

# 4

# BERLIN ALS REALLABOR DER KLIMAADAPTION: POLITISCHE HANDLUNGSOPTIONEN UND AKTUELLE STRATEGIEN DER KLIMAANPASSUNG

Die Lebensqualität in Berlin könnte sich ohne eine vorausschauende Klimaanpassung drastisch verschlechtern. Gerade die besonders (hitze-)vulnerablen Bevölkerungsgruppen der Älteren und Kinder wären besonderen Zumutungen und Gefährdungen ausgesetzt, und auch die ungleichen Lebensverhältnisse würden dazu beitragen, dass bestimmte Gruppen von den Folgen der urbanen Erwärmung besonders betroffen wären. Nicht zuletzt aufgrund dieser sozialen Sprengkraft bekommt das Thema auf Bundes- wie Landesebene zunehmende politische Aufmerksamkeit, die durch die Flutkatastrophe im Ahrtal 2021 und durch die vergangenen Hitzesommer mit Trockenheit in der Landwirtschaft und den Waldbränden vor allem in den Flächenländern rund um Berlin sicher noch verstärkt wurde.

Stand bislang in der öffentlichen Debatte vor allem die Klimamitigation, also die möglichst weitgehende Reduzierung der globalen Erwärmungsdynamik, im Mittelpunkt, so erzwingen deren nun doch unerwartet schnell und früh eintretende lokale Folgen zunehmend auch eine Debatte über die Klimaanpassung auf kommunaler Ebene. Mit dieser sich immer mehr durchsetzenden Erkenntnis kommt es zu einer Neugewichtung politischer Prioritäten, zu einer schrittweisen Umorientierung vom Leitbild der Verhinderung oder Verringerung der Erderwärmung zum Leitbild der Bewältigung durch gesellschaftliche

Anpassung, bei dessen Umsetzung dem staatlichen Handeln eine besondere Rolle zuwächst. Aus heutiger Sicht ist vor diesem Hintergrund auffallend, wie wenig die sehr detaillierte, klare und weitblickende Berliner AFOK-Studie, die bereits 2016 sehr deutliche Aussagen über die Risiken und Herausforderungen der Klimaanpassung enthielt, in der öffentlichen Debatte wahrgenommen wurde.

Dennoch kam es in Berlin im Nachgang dieser Studie auf exekutiver Ebene zu einer gewissen politischen Dynamik, wie es der nachstehende Überblick der bis heute in Berlin angeschobenen politischen Initiativen und wissenschaftlichen Modellvorhaben zur Klimaanpassung zeigen wird. Diese sind wichtig und notwendig, aber angesichts der erwartbaren Herausforderungen keinesfalls ausreichend. Hier wird demgegenüber die These vertreten, dass es spätestens ab 2025 – aufgrund der dann sehr deutlich spürbaren realen Entwicklung der klimabedingten Vulnerabilitätsfaktoren – zu einer Umkehrung in der öffentlichen Debatte in Berlin kommen könnte. Gerade weil die Aufgabe der Klimaanpassung bislang zwar angenommen wurde, aber nicht im Vordergrund stand, könnten in dem Maße, wie der Klimastress die Bewohner_innen Berlins dann mehr oder minder ungeschützt und unvorbereitet träfe, die Rufe nach staatlicher Anpassungs- und Resilienzpolitik sehr laut werden.[13] Dabei könnte es zu einem Zielkonflikt in der Verteilung der begrenzten Mittel zuungunsten der Klimamitigation kommen.

Die Berliner AFOK-Studie von 2016 und auch die aktuelle Brandenburger Klimaanpassungsstrategie arbeiten die Folgen

**13** → Der aktuelle Berliner Baumentscheid und auch andere zivilgesellschaftliche Initiativen und Organisationen wie der BUND haben sich in Berlin bereits für zusätzliche Grünflächen engagiert. Das waren und sind wichtige Schritte.

des Klimawandels und die spezifischen Gegenmaßnahmen sinnvollerweise sektoral zugeschnitten und dabei äußerst differenziert auf. Mit Vorschlägen für Maßnahmen und dem Verweis auf strategische Ansatzpunkte wurde darin das Ziel verfolgt, die Anpassungsfähigkeit zu verbessern sowie die Funktionsfähigkeit der städtischen Infrastrukturen und die urbane Lebensqualität zu erhalten. Sie stellen damit eine stadtentwicklungspolitisch gut belastbare Grundlage einer urbanen Klimaadaptionsstrategie für Berlin dar. Deswegen wird auch bei der späteren Ausarbeitung eines politischen Forderungskatalogs zur Klimaanpassung Berlins ausführlich darauf Bezug genommen.[14]

## POLITISCHE INITIATIVEN ZUR KLIMAANPASSUNG IN BERLIN

Am 16. November 2023 beschloss der Deutsche Bundestag das Bundesklimaanpassungsgesetz. Es verpflichtet Bund, Länder und Kommunen zur Erarbeitung von Klimaanpassungsstrategien. Die Bundesregierung verpflichtet sich selbst dazu, eine vorsorgende Anpassungsstrategie mit messbaren Zielen zu verfolgen und die Länder und Kommunen dabei zu unterstützen, konkrete Risiken vor Ort zu identifizieren und Strategien und Konzepte zur Anpassung zu erarbeiten. Ebenfalls 2023 hat das heute schon besonders vom Klimawandel herausgeforderte Land Brandenburg seine bereits zitierte Klimaanpassungsstrategie verabschiedet und unternimmt Schritte, um insbesondere die Land- und Forstwirtschaft an die zunehmende Trockenheit im Land anzupassen.

---

**14** → Vergleiche die politischen Handlungsempfehlungen in Kapitel 6.

Schließlich ist nach den Erfolgen des Fahrradentscheids und des Klimaentscheids auch die ganz aktuelle zivilgesellschaftliche Initiative für einen Berliner Baumentscheid hervorzuheben, die am 13. September 2023 offiziell gestartet wurde.[15] Geplant war, bis Ostern 2024 ein Gesetz zu erarbeiten, das im Spätsommer 2025 durch einen Volksentscheid beschlossen werden soll. Die Initiative zielt darauf, eine wetterfeste Stadt mithilfe von viel gesundem Stadtgrün für die Senats- und Bezirksverwaltungen unverzüglich rechtlich verbindlich zu machen. Städte müssten, so die Initiative, wetterfester und hitzebeständiger werden. Und dafür bräuchten sie vor allem mehr Bäume, denn diese senken die Temperaturen, spenden erholsamen Schatten und reinigen unsere Luft.

### Aktuelle Klimaanpassungspolitik in Berlin[16]

Vom Bund gefordert, vom Nachbarbundesland zügig betrieben und von Teilen der eigenen Bevölkerung initiiert – auch Berlin wird sich also der Klimaanpassung nicht versagen können. In der jüngeren Vergangenheit wurden bereits erste Schritte zur Anpassung des Verwaltungshandelns an die neue Klimarealität gegangen: So wurde das 2016 im Abgeordnetenhaus verabschiedete Berliner Energiewendegesetz (EWG Bln) im Jahr 2021 als Klimaschutz- und Energiewendegesetz novelliert. Im Landesgesetz wurde damit erstmals auch die Anpassung an die Folgen des Klimawandels als eine Aufgabe von Politik und Verwaltung festgeschrieben. 2016 wurde die bereits zitierte Konzeptstudie

---

15 → https://buerger-begehren-klimaschutz.de/news/baumentscheid-berlins-neuer-klima-volksentscheid/

16 → Vgl. als Quelle für die nachfolgende Darstellung der bisherigen Berliner Klimaanpassungspolitik die zusammenfassende Übersicht des Umweltbundesamtes: https://www.umweltbundesamt.de/themen/klima-energie/klimafolgen-anpassung/anpassung-an-den-klimawandel/anpassung-auf-laenderebene/bundesland-berlin.

„Anpassung an die Folgen des Klimawandels in Berlin" (AFOK) veröffentlicht. Auf Grundlage der darin vorgenommenen Vulnerabilitätsanalyse wurden für neun identifizierte Handlungsfelder Empfehlungen für konkrete Anpassungsmaßnahmen formuliert und die aus Verwaltungssicht kurz- und mittelfristig umsetzbaren Maßnahmen wurden in das Berliner Energie- und Klimaschutzprogramm (BEK) 2030 integriert (vergleiche unten: Schlüsselmaßnahmen in den Aktionsplänen). Im Jahr 2018 wurde das BEK 2030 für den ersten Umsetzungszeitraum bis 2021 im Berliner Abgeordnetenhaus beschlossen. Im Sommer 2021 begann die Fortschreibung für den Umsetzungszeitraum 2022 bis 2026. In einem gut einjährigen Prozess wurde dabei unter Einbindung der fachverantwortlichen Stellen der Hauptverwaltungen, ihrer nachgeordneten Behörden und der Bezirksverwaltungen sowie weiterer Vertreter_innen aus Wissenschaft und Stadtgesellschaft die bisherige Maßnahmenumsetzung evaluiert.

### Schlüsselmaßnahmen in den Aktionsplänen

Darauf aufbauend wurden dann für die identifizierten Handlungsfelder insgesamt rund 50 Maßnahmen formuliert, um die Klimaanpassung im Land Berlin voranzutreiben:

→ 1. Gesundheit: Das zentrale Thema in diesem Handlungsfeld ist der gesundheitliche Hitzeschutz. Die Maßnahmen umfassen die Erstellung eines Hitzeaktionsplans für das Land Berlin, die Erstellung und Verbreitung zielgruppenspezifischer Informationen zu Hitze und UV-Strahlung und die Sensibilisierung der Bevölkerung für die Eigenvorsorge. Weiterhin soll erreicht werden, dass Pflegeheime Hitzeschutzmaßnahmen ergreifen und das Trinkwasserbrunnennetz im öffentlichen Raum und in öffentlichen Einrichtungen ausgebaut wird. Darüber hinaus soll gegen die Ausbreitung von besonders allergenen Ambrosia-Pollen vorgegangen und geprüft werden, inwieweit ein Vektormonitoring für das Land Berlin erforderlich ist.

→ 2. Stadtentwicklung: Im Rahmen der Stadtentwicklung geht es darum, die Klimaanpassung bereits bei der Planung neuer Stadtquartiere und anderer Neubauvorhaben zu berücksichtigen. Beim Bestand liegt der Fokus darauf, grüne Infrastrukturen[17] zu entwickeln, multicodierte Klimakomfortplätze zu schaffen, zusätzliche Potenziale für Dach- und Fassadenbegrünungen zu identifizieren und wohnortnahe klimaresiliente Grünanlagen zu schaffen. Ergänzend dazu soll ein Hofbegrünungsprogramm ins Leben gerufen und der Stadtbaumbestand um klimatolerante Bäume erweitert werden.

→ 3. Wasser: Die Maßnahmen zielen auf die Neuausrichtung des Regenwassermanagements im öffentlichen Raum und eine grundstücksübergreifende Regenwasserbewirtschaftung ab. Im Rahmen der Quartiersentwicklung und für Schwerpunktgebiete sollen Regenwasserkonzepte entwickelt werden. Als Grundlage für ein strategisches Starkregenrisikomanagement sollen Starkregenhinweiskarten und Starkregengefahrenkarten erstellt beziehungsweise fortgeschrieben werden. Ebenso sollen Hochwassergefahren- und Hochwasserrisikokarten erarbeitet werden.

---

**17** → Grüne Infrastruktur oder auch blau-grüne Infrastruktur genannt, beschreibt ein geplantes Netzwerk natürlicher und naturnaher Flächen in urbanen Kontexten mit unterschiedlicher naturräumlicher Ausstattung auf verschiedenen Maßstabsebenen. Der Begriff wurde in den Vereinigten Staaten in den 1990er Jahren geprägt.

→ 4. Boden: Das zentrale Thema in diesem Handlungsfeld ist die Erhaltung und Wiederherstellung natürlicher Bodenfunktionen. Als Bewertungsgrundlage dafür sollen Dauerbeobachtungsflächen etabliert und ein Bodenmonitoring eingerichtet werden.

→ 5. Forstwirtschaft: Angesichts der zunehmenden Trockenheit und der hohen sommerlichen Temperaturen in der Region liegt der Schwerpunkt auf der Anpassung der Berliner Wälder mit gezielten Waldumbaumaßnahmen, mit denen ebenso die Anfälligkeit des Baumbestands für Schädlinge und Krankheiten und das Waldbrandrisiko vermindert werden sollen.

→ 6. Biologische Vielfalt: Die Schwerpunkte in diesem Handlungsfeld bilden Maßnahmen zur Erhöhung der biologischen Vielfalt im Gebäudebestand, die Umsetzung und Qualifizierung eines Berliner Biotopverbunds, die Bekämpfung invasiver Arten sowie der Erhalt und die Wiederherstellung von Klein- und Kleinstgewässern mit einem ergänzenden Monitoring.

→ 7. Mobilität: Neben Klimaanpassungsmaßnahmen wie der sommerlichen Kühlung öffentlicher Verkehrsmittel, die die BVG bereits ergriffen hat, sollen auch die Wartebereiche des öffentlichen Personennahverkehrs klimaangepasst gestaltet werden. Darüber hinaus sollen, wo es möglich ist, die Verkehrsflächen zur Wasserretention genutzt werden.

→ 8. Industrie und Gewerbe: Hier sollen Informations- und Beratungsdienstleistungen zur Klimaanpassung in der Industrie sowie in Gewerbe und Handwerk angeboten werden. Ebenso können sich Betriebe bei der Erarbeitung von Klimaanpassungskonzepten unterstützen lassen.

→ 9. Tourismus, Kultur und Sport: Insbesondere bei sommerlichen Freiluft- und Sportveranstaltungen müssen Teilnehmende und Gäste vor den gesundheitlichen Gefahren, die durch Hitze und starke UV-Strahlung drohen, ausreichend geschützt werden. Dafür sollen entsprechende Risikoanalysen durchgeführt und Anpassungskonzepte entwickelt werden.

→ 10. Bevölkerungsschutz: Im Rahmen des Bevölkerungsschutzes ist vorgesehen, eine Behördenkooperation zur Gefahrenabwehr bei Extremwetterereignissen zu organisieren.

Den stadtplanerischen Orientierungsrahmen für die räumlichen Aspekte der Anpassung an den Klimawandel in Berlin bietet der StEP Klima. Auf diesen aufbauend, wurde mit dem StEP Klima KONKRET ein Maßnahmenprogramm geschaffen, mit dessen Hilfe sich die städtischen Strukturen an die Folgen des Klimawandels anpassen lassen. Das Hauptaugenmerk gilt dabei einzelnen Stadtstruktur- und Flächentypen, für die konkrete Maßnahmen und Optimierungsmöglichkeiten aufgezeigt werden. Es wurden vier Handlungsfelder mit zahlreichen Anpassungsmaßnahmen definiert:

→ Bioklima im Siedlungsraum: Pflege und Pflanzung von Bäumen, Erhaltung und Schaffung von Grün- und Freiflächen, Fassaden- und Dachbegrünung, Nutzung von Verschattung und Kühlung bei Neubauten, Erhöhung der Albedo (Rückstrahlvermögen) durch geeignete Materialien und Farben, Sicherung von Kaltluftentstehungsgebieten.

→ Grün- und Freiflächen: Ausbau des Grünflächenmanagements, Gestaltung versickerungsoffener Grünflächen, Nachrüstung von Bewässerungsanlagen für Grünflächen, Pflanzung hitze- und trockenstresstoleranter Gehölze, Waldumbau und naturgemäße Waldbewirtschaftung, Wassermanagement für Moore und Feuchtgebiete, Vernetzung von Grün- und Freiflächen.

→ Gewässerqualität und Starkregen: Erarbeitung von Entwicklungskonzepten für Berliner Gewässer, Realisierung und Umsetzung des Handlungskonzepts der Bundesländer Berlin und Brandenburg zur Reduzierung der Nährstoffbelastungen, Schutz und Renaturierung von Uferbereichen, Verbesserung von Gewässerhabitaten, Entwicklung und Einsatz innovativer Technologien bei der Regenwasserreinigung, Verringerung der Überläufe der Mischkanalisation, Verringerung des Oberflächenabflusses.

→ Klimaschutz: energetisch optimierte Planung und Realisierung von Neubauten, energetische Sanierung des Gebäudebestands, Nutzung geeigneter Flächen für die Erzeugung regenerativer Energien, Erhaltung und Renaturierung von Mooren und Feuchtgebieten, Verbesserung von Grünflächen im Siedlungsbereich, naturgemäße Waldwirtschaft und Waldumbau.

Mit dem ergänzenden StEP Klima KONKRET wurde der Fokus auf ein wirkungsvolles Regenwassermanagement gerichtet, das dafür Sorge trägt, dass die Stadt mittels Evaporation gekühlt und gleichzeitig durch Retention eine Überlastung der Kanalisation vermieden wird. Lokale Maßnahmen:

→ Projekt „HYPO PAkT – Präventives Aktionsprogramm für Pflegeheime zum optimalen Trinkverhalten bei Hitzegefährdung": Das langfristige Projektziel ist die Konzeption eines präventiven Aktionsprogramms für Pflegeempfänger_innen, um in Hitzeperioden die Anzahl der Hyponatriämien (erniedrigte Natriumwerte im Blut) und der damit verbundenen Gesundheitsstörungen zu senken und Krankenhauseinweisungen zu verhindern.

→ Projekt „Kleingehölze und krautige Pflanzen im Klimawandel": Im Dezember 2020 hat die Lehr- und Versuchsanstalt Gartenbau und Arboristik e. V. (LVGA) damit begonnen, einen Lehr- und Sichtungsgarten für Kleingehölze und krautige Pflanzen zu errichten. Die Inhalte und Ergebnisse des Projekts sollen in Kurse der überbetrieblichen Ausbildung sowie die Fort- und Weiterbildung der LVGA eingebunden werden und somit kurzfristig in der Praxis Anwendung finden.

→ Projekt „Wasserhaushaltsmodellierung zur Erhöhung der Resilienz von Straßenbäumen in Berlin": Im Rahmen eines dreijährigen Projekts erarbeitete das Berliner Pflanzenschutzamt in Kooperation mit dem Deutschen Wetterdienst ein praxistaugliches Wasserhaushaltsmodell, um eine optimale Wasserversorgung von Straßenbäumen sicherzustellen.

→ Leuchtturmprojekt „Wald.Berlin.Klima.": Am 13. April 2017 wurde im Grunewald die Ausstellung „Wald.Berlin.Klima." eröffnet. Entlang eines circa vier Kilometer langen Waldrundwegs wurden Informationsinseln angelegt, sogenannte Waldwohnzimmer, die über die Zusammenhänge zwischen Klimawandel, Wald und der Bedeutung für die Großstadt

Berlin informieren und den Besucher_innen einen Einblick in die Arbeit der Berliner Förster_innen geben.

→ Projekt „Berliner Moore im Klimawandel – Entwicklung einer Anpassungsstrategie zur Sicherung ihrer Ökosystemdienstleistungen": Ziel des Projekts war, die aktuelle Gefährdungssituation abzubilden, das Umweltentlastungspotenzial Berliner Moore aufzuzeigen und interdisziplinäre Lösungsansätze vorzustellen.

→ Projekt „Entsiegelungspotenziale in Berlin": Das Projekt hat die Erfassung und Bewertung von Flächen mit Entsiegelungspotenzial zum Inhalt und soll dazu dienen, Flächen im Land Berlin aufzufinden, die in absehbarer Zukunft dauerhaft entsiegelt werden können.

## KRISENREAKTIONSFONDS UND KRISENREAKTIONSKOMPETENZ FÜR UND IN BERLIN AUFBAUEN

Die Schadenskosten erwärmungsbedingter Starkwetterereignisse können enorm sein. So belief sich laut einer Studie für das Bundesministerium für Wirtschaft und Klimaschutz (BMWK) der finanzielle Schaden der Flut im Ahrtal auf über 40 Milliarden Euro. Die Flut verursachte damit einen so großen finanziellen Schaden wie noch nie eine Naturkatastrophe in Deutschland. Neben der Soforthilfe zur unmittelbaren Krisenreaktion sind hier auch die Kosten für den Wiederaufbau von Wohnraum und Infrastrukturen eingerechnet.

Extremwetter wie die außergewöhnlich heißen und trockenen Sommer der vergangenen Jahre sowie die Hochwasserkatastrophe von 2021 haben in Deutschland Schäden von insgesamt über 80 Milliarden Euro verursacht. Ein Großteil davon entstand durch klimawandelbedingte Extremwetterereignisse. In der Summe sind neben den direkt angefallenen Schäden an Gebäuden und Infrastrukturen oder Ertragsverlusten in Forst- und Landwirtschaft auch Kosten indirekter Schäden, wie verringerte Arbeitsproduktivität, eingeflossen. Das geht aus einer aktuellen Prognos-Studie hervor, die das BMWK in Auftrag gegeben hat und dem Bundesministerium für Umwelt, Naturschutz, nukleare Sicherheit und Verbraucherschutz (BMUV) zur Weiterentwicklung der deutschen Anpassungsstrategie dient.[18] Für manche Stürme und Hagelereignisse, die in die Studie eingeflossen sind, können allerdings aufgrund fehlender Langzeitdaten noch keine eindeutigen Aussagen zur Veränderung von Intensität oder Häufigkeit im Zuge des Klimawandels getroffen werden. Die Autor_innen weisen zudem darauf hin, dass die ermittelten Gesamtschäden eine Untergrenze darstellen. Die tatsächlichen Schadenskosten sind wahrscheinlich noch höher, weil einzelne Schadensereignisse bislang nicht untersucht wurden und beispielsweise gesundheitliche Auswirkungen oder die Folgen für die biologische Vielfalt nicht bezifferbar sind. Den weiteren Forschungsbedarf wollen BMUV und BMWK im Rahmen der Ressortforschung adressieren.

**18** → Jan Trenczek et al.: Übersicht vergangener Extremwetterschäden in Deutschland. Methodik und Erstellung einer Schadensübersicht. Projektbericht „Kosten durch Klimawandelfolgen", Düsseldorf 2022.

## Kommunale Klimaanpassungskompetenz aufbauen

Im März 2022 hat Bundesumweltministerin Steffi Lemke in Reaktion auf diese Situation mit dem Sofortprogramm Klimaanpassung ein erstes Maßnahmenpaket vorgestellt. Ziel ist es, vor allem Kommunen bei ihren Aufgaben für die Klimaanpassung und Risikovorsorge mit Expertenberatung, Schulungsangeboten und gezielter Förderung zu unterstützen.

Das Zentrum KlimaAnpassung steht seit mehr als einem Jahr Städten und Gemeinden als Anlaufstelle mit breitem Schulungs- und Beratungsangebot zur Seite. Seit Anfang 2022 fördert das BMUV den Einsatz lokaler Klimaanpassungsmanager_innen. Soziale Einrichtungen, die ihre zu betreuenden Personen und Beschäftigten schützen möchten, können sich über ein weiteres Förderprogramm investive und konzeptionelle Maßnahmen finanzieren lassen.

Auch vor dem Hintergrund dieser bundesweiten Initiativen erscheint es sinnvoll und erforderlich, dass das Land Berlin zusätzlich einen eigenen Krisenreaktionsfonds[19] schafft, der in Notlagen auch ohne föderale Unterstützung schnell und flexibel zur Anwendung kommen kann. Das föderale Zentrum KlimaAnpassung ist eine Idee, die Berlin auf der Landesebene übernehmen sollte mit dem Ziel, berlinspezifische Krisenreaktionskompetenz auf Bezirks- und Unternehmensebene aufzubauen.

---

**19** → Hier sind verschiedene Finanzierungsmodelle denkbar und zu diskutieren, angefangen bei einer öffentlich-privaten Kooperation über Spenden bis hin zu einem Klimaanpassungs-Euro pro Kopf oder auch verursachergerechten Konzepten.

# 5

# FAZIT

Die Herausforderungen der dynamischen Erderwärmung: Wir befinden uns heute an einem Punkt, an dem wir uns eingestehen müssen, dass der Klimawandel nicht zu leugnen ist und sich immer deutlicher entfaltet, offenbar sogar viel schneller und intensiver als bislang von der Wissenschaft erwartet. Weil wir uns jedoch schwertun, die weitere Erderwärmung wirksam zu verhindern, werden wir uns zugleich auch anpassen müssen an die sich weiter verändernden Realitäten des Klimawandels. Mit dieser sich immer mehr durchsetzenden Erkenntnis kommt es zu einer Neugewichtung politischer Prioritäten, zu einer schrittweisen Umorientierung vom Leitbild der Mitigation oder Verringerung der Erderwärmung zum Leitbild der Bewältigung durch gesellschaftliche Anpassung. Auch Berlin wird sich an den Klimawandel in sehr kurzer Zeit anpassen müssen, da die Stadt in einer zukünftig besonders trockenen Region Deutschlands liegt.

Berlin als Brennglas der Erderwärmung: Es sind für die Region Berlin-Brandenburg vor allem die Temperatur- und Niederschlagsentwicklung und die daraus resultierenden Gefahren von Hitze, Trockenheit und Dürre sowie die Extremwetterlagen (Sturm und Starkregen), die zu Problemen führen werden. Städte wirken wie Brenngläser der Erderwärmung, viele ihrer Folgen konzentrieren sich dort oder sind dort wegen der besonderen Vulnerabilität der Städte stärker ausgeprägt. Gründe dafür sind die enge Bebauung, fehlende Belüftungsschneisen aufgrund baulicher Barrieren und eine reduzierte Verdunstung aufgrund fehlender Bäume, Grün- und Freiflächen. Beton, Asphalt und Metall erhitzen sich stärker als natürliche Materialien, speichern die Hitze auch länger und geben sie dann in der Nacht wieder ab. So heizen sich Städte schneller und mehr auf als ländliche

Regionen. Dieser Effekt wird auch als Urban Heat Island Effect (städtischer Wärmeinsel-Effekt) bezeichnet.

Berlin als Reallabor urbaner Klimaresilienz: Berlin wird sich in den kommenden Jahrzehnten also zu einem Schaufenster des forcierten Klimawandels entwickeln. Es wäre fatal, würde die Stadt sich nicht zugleich auch zu einem Reallabor urbaner Klimaresilienz umbauen, in dem es vor allem auch gelingt, die ungleichen sozioökonomischen Verteilungseffekte und sozialen Schieflagen, die aufgrund der unterschiedlichen Klimastressbetroffenheit zu erwarten sind, auszugleichen. Angesichts der ohnehin anstehenden Erneuerung der teilweise stark überalterten und defizitären Infrastrukturen kommunaler Daseinsvorsorge und angesichts der gleichzeitigen Notwendigkeit, sehr viel neuen Wohnraum zu schaffen, stellt nur der politische Dreiklang aus Infrastrukturmodernisierung und aufeinander abgestimmter Klimamitigation und Klimaanpassung ein zukunftsfestes Leitbild der Stadtentwicklung dar. Bei frühzeitiger und entschiedener Handlungsbereitschaft von Politik und Zivilgesellschaft könnte sich Berlin als Vorbild einer Stadt etablieren, deren gesellschaftlicher Zusammenhalt durch die gemeinsame Bewältigung der Krise sogar noch gestärkt wird.

Protektives staatliches Handeln ist gefordert: Berlin wird in sehr absehbarer Zukunft das Klima einer südeuropäischen Stadt haben. Während die südlichen Städte sich aber über Jahrhunderte mit einem sich nur sehr langsam ändernden Klima entwickeln konnten, muss sich Berlin gezielt in extrem kurzer Zeit an die neue Situation anpassen. Dies kann nur mithilfe gezielter politischer Interventionen gelingen. Die langfristig-evolutiven, kulturell eingebetteten und stabilisierten Klimaanpassungsinnovationen südlicher Länder müssen hier gewissermaßen kurzfristig simuliert, stimuliert und stabilisiert werden. Für den Staat, der bereits in der Pandemie zum Hauptakteur des Krisenmanagements wurde, bedeutet dies eine Revitalisierung im Lichte seiner aktuellen legitimatorischen Neuerfindung als „protektive Technokratie". Dabei gilt es zu akzeptieren, dass die Bewältigung der Folgen des Klimawandels kein einmaliges und abschließbares Unterfangen ist, sondern ein sehr langfristiger Prozess, der eine andauernde Anpassung an die sich ständig verändernden Realitäten der Erderwärmung erfordert. Mit anderen Worten: Stetige, nicht nachlassende Klimaadaption gehört zu den Kernaufgaben der aktuellen und zukünftigen Berliner Stadtentwicklungspolitik in vielen kommenden Jahrhunderten.

Neues Leitbild „Urbane Klimaresilienz": Vor diesem Hintergrund entwickelt sich die urbane Resilienz momentan zum konzeptionellen Leitbild progressiver, zukunftsfester Stadtentwicklung, auch in Berlin. Allerdings bislang nicht schnell und umfassend genug. Um die Folgen der Erderwärmung zu bewältigen, müssen kommunale Daseinsvorsorge und Gemeinwohl gestärkt, die Zivilgesellschaft eingebunden und Strategien zur gezielten Steigerung der Resilienz urbaner Gebietskulissen und ihrer spezifischen Quartierslagen zügig entwickelt und schnell genutzt werden. Urbane transformative Resilienz wird hier definiert als die Fähigkeit Berlins und seiner Bevölkerung, auf Krisen oder Katastrophen widerstandsfähig zu reagieren, sich anzupassen und sich dabei weiterhin nachhaltig und klimaneutral umzugestalten und zu modernisieren.

Urbane Transformation und systematisches Krisenmanagement durch integrierte Stadtentwicklung: Konkret übersetzt sich die Forderung nach einem Leitbild urbaner Klimaresilienz in Berlin in spezifische politische Strategie- und Handlungsempfehlungen, deren übergeordnetes Ziel die Fähigkeit zur vorausschauenden Transformation und zum systematischen Krisenmanagement in allen Handlungsfeldern integrierter Stadtentwicklung ist.

Zu diesem Zweck sind zum einen die bestehenden stadtentwicklungspolitischen Gestaltungskriterien wie Dichte und Nutzungsmischung um die Dimensionen der Robustheit, Flexibilität, Redundanz in der Infrastrukturentwicklung, der Stärkung der Quartiersebene und der interkommunalen Kooperation auch über die Landesgrenze zu Brandenburg hinaus zu ergänzen. Zum anderen gilt es, sehr zügig eine krisenfähige Verwaltung aufzubauen, die sich durch Schnelligkeit, Flexibilität, Pragmatismus und Gestaltungswillen auszeichnet und mit hinreichenden finanziellen Mitteln ausgestattet ist.

Vor diesem Hintergrund ist es erforderlich, schnell und vorrangig eine Strategie urbaner Klimaresilienz zu entwickeln, konsequent anzuwenden und zur Prämisse jeglicher zukünftiger Stadtentwicklungspolitik zu machen.

# 6

# POLITIKEMPFEHLUNGEN FÜR MEHR KLIMARESILIENZ IN BERLIN

Der Klimawandel und die mit ihm einhergehenden Erwärmungsfolgen werden sich in den kommenden Jahrhunderten zur zentralen Herausforderung der Berliner Stadtentwicklungspolitik und urbanen Daseinsvorsorge entwickeln. Senat und Bezirksverwaltungen sind aufgefordert, auf diese Aufgabe mit einer breit angelegten Klimaanpassungsstrategie zu reagieren, die angesichts der überraschend beschleunigten Erwärmungsdynamik der vergangenen Jahre über die im Rahmen des StEP Klima bislang gemachten Schritte weit hinausgehen muss.

Die aktuellen Diskussionen über den Berliner Baumentscheid[20] und die Aktivitäten weiterer Initiativen wie die von Grün Berlin[21] zeigen, dass das Thema der Klimaresilienz auch in der Zivilbevölkerung zunehmend ins Bewusstsein rückt und sich mit der wachsenden Sorge um die Zukunft der urbanen Lebensqualität und den Erhalt der Qualität kommunaler Daseinsvorsorge für alle betroffenen Quartiere und Milieus verbindet.

## Eine Strategie urbaner Klimaresilienz entwickeln

Die FES-Politikempfehlungen für mehr urbane Klimaresilienz fordern, die Klimaanpassung zur zentralen kommunalen Aufgabe in den kommenden Jahrzehnten und Jahrhunderten zu machen.

20 → Am 4.3.2024 wurde ein 27-seitiger Entwurf des BäumePlus-Gesetzes vorgestellt. Zahlreiche Expert_innen aus Wissenschaft, Politik und Verwaltung, Wirtschaft sowie engagierte Bürger_innen und Jurist_innen hatten diesen ersten Entwurf des BäumePlus-Gesetzes erarbeitet. Über den finalen Gesetzesvorschlag soll mit einem Volksentscheid bei der Bundestagswahl 2025 abgestimmt werden. https://www.baumentscheid.de/

21 → Auch andere zivilgesellschaftliche Initiativen und Organisationen wie der BUND haben sich in Berlin bereits über Jahre für zusätzliche Grünflächen engagiert.

Notwendig ist eine Strategie, welche die Dimensionen der Risikobeobachtung, der Risikoprävention und der vorausschauenden städtischen Transformation in allen Handlungsfeldern integrierter Stadtentwicklung zur Anwendung bringt.

Neben der Weiterentwicklung und Ergänzung der bestehenden stadtentwicklungspolitischen Leitbilder um die Dimensionen der Robustheit, der Flexibilität und Anpassungsfähigkeit von städtischen Akteur_innen und Infrastrukturen werden sehr viel mehr urbane Grün- und Reserveflächen, Zwischennutzungen und Experimentierfelder für neue Lebensformen ebenso nötig werden wie die Verbesserung der interkommunalen Zusammenarbeit auch über die Grenze zu Brandenburg hinaus, etwa mit Blick auf die Trinkwasserversorgung und die Waldbrandbekämpfung.

Neben der Förderung flexibler und schneller Entscheidungsstrukturen für eine krisenfähige Verwaltung braucht es zudem eine Stärkung der sozialen Resilienz durch Förderung des zivilgesellschaftlichen Engagements, die Stärkung der Quartiersebene durch Förderung solidarischer und eigeninitiativer Nachbarschaften und die Verringerung sozialer Ungleichheit und sozialräumlicher Benachteiligungen, vor allem wenn man sich vor Augen hält, dass die Menschen ungleich von den erwärmungsbedingten Umweltrisiken, Gesundheitsgefahren und Chancenungleichheiten betroffen sind.

### Anforderungen und Maßnahmen für die kommunale Klimaanpassungspolitik und Verwaltung

Vorausschau: Zwingend erforderlich ist der Aufbau eines zentralen Frühwarn- und Informationssystems klimabedingter Extremwetterereignisse für die Berliner Bevölkerung und Unternehmen, die Verwaltung, die Betreiber kritischer Infrastrukturen, das Bildungs- und Gesundheitswesen und die Krisenreaktionskräfte.

Das zurzeit in Entwicklung befindliche Stadtklimamodell PALM-4U ermöglicht Städten bis zu einer Größe von Berlin, atmosphärische Prozesse gebäudeauflösend zu simulieren, und könnte als Grundlage der Berliner Krisenvorausschau genutzt werden.[22] Auch der von der Initiative Volksentscheid Baum vorgelegte erste Entwurf des „Gesetzes für ein wetterfestes und hitzeresistentes Berlin – Gesetz für ein Landesklimaanpassungsgesetz und zur Änderung weiterer Vorschriften" fordert eine fortzuschreibende und zu institutionalisierende Klimarisikoanalyse auf Senatsebene. Dieses Anliegen wird in dieser Studie ausdrücklich unterstützt.

Protektion: Notwendig sind darauf aufbauend die systematische und stets aktuell zu haltende Verwundbarkeitsanalyse der Berliner kritischen Infrastrukturen (Mobilität, Energie, Wasser, Ver- und Entsorgungssysteme, Gesundheitswesen, Bildungswesen) im Hinblick auf erwärmungsbedingte Störereignisse und ein schneller Abbau der analysierten Schwachstellen im Rahmen der urbanen Infrastruktur- und Investitionspolitik. Nötig werden zudem die Erstellung und vorausschauende Verbreitung zielgruppenspezifischer Informationen zu Hitze, Brandgefahren, Wasserverfügbarkeit und UV-Strahlung und die Sensibilisierung der Bevölkerung für die Eigenvorsorge.

Reaktion: Auf-, Ausbau (zum Beispiel Fahrzeugflotte und Spezialgerät) und Training der Berliner Krisenreaktionskräfte (Polizei, Feuerwehr, Rettungskräfte, Technisches Hilfswerk) unter dem Gesichtspunkt des Umgangs mit erwärmungsbedingten

---

**22** → Im Rahmen der vom Bundesministerium für Bildung und Forschung (BMBF) finanzierten Fördermaßnahme „Stadtklima im Wandel" wird ein innovatives Stadtklimamodell entwickelt. Mithilfe des hochauflösenden Modells können fachübergreifende Analysen zur Bewertung des Stadtklimas und der Luftreinhaltung durchgeführt und zur vorausschauenden Krisenintervention genutzt werden. PALM-4U basiert auf dem hoch parallelisierten Large Eddy Simulation (LES) Model PALM der Universität Hannover.

Störereignissen und Abbau der dort analysierten Schwachstellen, um negative Konsequenzen im Krisenfall zu minimieren; Ausbau der die Bezirks- und Landesgrenzen überschreitenden Behördenkooperation zur Gefahrenabwehr bei Extremwetterereignissen. Indem so frühzeitig Notfallvorkehrungen getroffen werden, lassen sich die negativen Konsequenzen im Falle einer Krise verringern. Geeignete Reaktionspläne sind zum Beispiel Hitzesensibilisierungs- und Übungsmaßnahmen. Diese Programme könnten bewirken, dass die Bevölkerung die mit erwärmungsbedingten Störereignissen verbundenen Herausforderungen in ihrem Umfeld besser meistert und negative Auswirkungen in zivilgesellschaftlicher Kooperation sich vermeiden oder abmildern lassen.

Kompetenz und Verantwortung in einem Krisenanpassungs- und Krisenreaktionszentrum bündeln: Mit Blick auf die Komplexität der urbanen Klimaanpassung und die Herausforderungen der Krisenprävention und -reaktion erscheint es sinnvoll, diese Aufgaben in einem senats- und bezirksübergreifend handlungsfähigen Krisenanpassungs- und Krisenreaktionszentrum zu bündeln und gegebenenfalls an oberster Stelle der Exekutive bei dem/der Regierenden Bürgermeister_in zu verankern.
Der bereits erwähnte Entwurf des „Gesetzes für ein wetterfestes und hitzeresistentes Berlin" sieht vor, einen sogenannten Hitzerat einzurichten.[23] Dieser könnte die Arbeit des wie gefordert zu

**23** → „(3) Der Senat leitet die Klimarisikoanalyse für das jeweilige Vorjahr bis zum 30. Juni dem Hitzerat gemäß § 13 zu. Der Rat prüft die Klimarisikoanalyse und nimmt innerhalb von zwei Monaten detailliert öffentlich Stellung. Der Senat leitet die Klimarisikoanalyse sowie die öffentliche Stellungnahme des Rats an das Berliner Abgeordnetenhaus und den Rat der Bürgermeisterinnen und Bürgermeister weiter. Auf Einladung mindestens einer Fraktion des Berliner Abgeordnetenhauses stellt die Regierende Bürgermeisterin beziehungsweise der Regierende Bürgermeister die aktuelle Klimarisikoanalyse jeweils einmalig dem Berliner Abgeordnetenhaus vor. Die zuständige Senatsverwaltung stellt die Klimarisikoanalyse dem für Klimaanpassung zuständigen Ausschuss des Berliner Abgeordnetenhauses in öffentlicher Sitzung vor" (vergleiche www.baumentscheid.de/baeumeplus-gesetz).

gründenden Krisenanpassungs- und Krisenreaktionszentrums mit unabhängiger wissenschaftlicher Expertise unterstützen und so auch der Gefahr etwaiger Interessenkollisionen zwischen Senat, Abgeordnetenhaus und Bezirken entgegenwirken.

## HANDLUNGSFELDER[24] DER STÄDTISCHEN KLIMAANPASSUNG

→ 1. Handlungsfeld Gesundheit und Bevölkerungsschutz: Die zentrale Aufgabe in diesem Handlungsfeld ist der Schutz der Bevölkerung vor Hitze, Starkwetter, Bränden und Wasserknappheit. Über ein ab gestimmtes Frühwarnsystem für Hitze und andere Störereignisse hinaus geht es hier um die Klimaanpassung von Krankenhäusern und Alten- und Pflegeheimen, um besonders gefährdete Patientengruppen besser vor Hitze zu schützen, ebenso wie im Bildungswesen (Schulen, Fachhochschulen, Universitäten). Nötig sind zudem der Ausbau der öffentlichen Trinkwasserversorgung (kostenfreie Trinkbrunnen) und die Einrichtung öffentlich zugänglicher Kühlräume sowie das Monitoring und die öffentliche Information über klimabedingte invasive Tier- und Pflanzenarten mit potenziellen Schadeffekten für die Bevölkerung (zum Beispiel Tigermücke, Pflanzenallergene).

→ 2. Handlungsfeld Gebäude und Stadtentwicklung: Die zentrale Aufgabe in diesem Handlungsfeld ist es, die Klimaanpassung schon bei der Planung neuer Gebäude und ganzer

24 → Die zusammenfassende Beschreibung dieser Handlungsfelder basiert im Kern auf der bereits erwähnten AFOK-Studie und wurde an einigen Stellen durch aktuelle Informationen ergänzt.

Stadtquartiere zu berücksichtigen und für den existierenden Gebäudebestand nachträglich zu entwickeln (zum Beispiel grün-blaue Infrastrukturen zur Regenwasserrückhaltung und sogenannte Klimakomfortplätze, die vor allem einen Hitzeschutz bieten). Eine wichtige Voraussetzung dafür ist die Anpassung der geltenden Baunormen an die zu erwartenden Erwärmungsfolgen. Diesbezüglich ist es ein Vorteil, dass Berlin ein Stadtstaat ist, denn Bauvorschriften sind im föderalen System Ländersache. Berlin kann also im Alleingang schnell für die erwärmungsgerechte Anpassung der Vorgaben für einzelne Bauprojekte einerseits und ganze städtebauliche Ensembles andererseits sorgen.

### Hitzereflektierende weiße Oberflächenbeschichtungen für Dächer, Wände, Plätze und Verkehrsinfrastrukturen

Ein wichtiger Gegenstand der Neuregulierung und Anpassung von Baunormen könnte beispielsweise die Oberflächenbeschichtung von Gebäuden sein. Immobilieneigentümer_innen und die öffentliche Hand könnten dazu verpflichtet werden, Dächer, Fassaden und weitere strahlungsexponierte Flächen privater und öffentlicher Gebäude mit einer hitzereflektierenden Beschichtung auszustatten und diese regelmäßig zu erneuern.

→ 3. Handlungsfeld Grün- und Freiflächenentwicklung, Umwelt und Natur: Dieses Handlungsfeld ist von besonders großer Bedeutung für eine klimaresiliente Stadt, da die sogenannte grüne Infrastruktur im Sinne eines strategisch geplanten Netzwerks miteinander verbundener natürlicher und naturnaher Flächen für die Kühlung, die Luftqualität und den Sonnenschutz in dichten urbanen Räumen eine zentrale Rolle spielt. Die grüne Infrastruktur sorgt für eine höhere

Verdunstungsrate, was in den heißen Monaten das Stadtklima entscheidend abkühlen kann. Bäume sind für die Kühlung besonders relevant. Gefordert sind daher in erster Linie die maximal mögliche Ausstattung Berlins mit wohnortnahen und klimaangepassten Grün- und Waldflächen (Parks, Stadtwälder, Hofbegrünung, Dach- und Fassadenbegrünungen, Klein- und Schrebergärten) und ihre Pflege, die Entsiegelung von Flächen, die Erhaltung natürlicher Bodenfunktionen, die Wiederherstellung von Kleingewässern und der Schutz und die Renaturierung der Berliner Moore.

→ 4. Handlungsfeld Wasser und Wasserwirtschaft: Eng verbunden mit der Grün- und Freiflächenentwicklung ist das städtische Regenwassermanagement. Damit der mit der Erderwärmung verbundene Starkregen nicht mehr die Kanalisation überlastet und damit zu Überschwemmungen führt und kritische Infrastrukturen oder besonders zu schützende Gebäude gefährdet, ist es notwendig, Berlin zur Schwammstadt umzubauen. Damit ist gemeint, die Durchlässigkeit der Stadtoberfläche durch die Entsiegelung von betonierten, gepflasterten oder asphaltierten öffentlichen und privaten Flächen großflächig zu erhöhen, um den zu schnellen Oberflächenabfluss zu reduzieren und mehr Wasser versickern zu lassen. Das entlastet nicht nur die Kanalisation, sondern trägt auch zur Regeneration des Grundwasserbestands und damit zur Trinkwassersicherheit bei. Auch für neue Quartiere sollte zukünftig ein solches strategisches Starkregenmanagement verbindlich sein, dessen Grundlage ein stetig zu aktualisierendes Starkregen- und Hochwassergefahrenkataster des gesamten Stadtgebiets sein sollte. Geeigneter öffentlicher Raum, zum Beispiel Park- und Spielplätze, können zu Sickerflächen oder temporären Oberflächenzwischenspeichern für Niederschlagsspitzen umgestaltet werden.

Zudem ist zu erwarten, dass es in einem heißeren Berlin im Sommer auch einen stark erhöhten Bedarf an Abkühlungsmöglichkeiten im Freizeitbereich gibt. Das Berliner Stadtgebiet und stadtnahe Umland sind reich an Badegewässern. Die Wasserqualität dieser Seen darf nicht durch Übernutzung leiden, denn der Zugang für Badegäste sollte langfristig möglich sein. Zusätzlich erforderlich ist gegebenenfalls der Auf- und Ausbau weiterer innerstädtischer Freibäder als Teil der erwärmungsspezifischen Daseinsvorsorge. Auf der anderen Seite wären klare Regeln notwendig, die die Nutzung privater Pools einschränken. Die Umverteilung des so eingesparten Wasservolumens auf für alle Bewohner_innen Berlins nutzbare Einrichtungen wäre Gegenstand einer sozial gerechten erwärmungsspezifischen Daseinsvorsorge.

## Maßnahmen für eine zukunftssichere Trinkwasserversorgung in Berlin

Klimabedingte Trockenheit, der Strukturwandel in der Braunkohleregion Lausitz, das deutliche Wachstum der Berliner Bevölkerung und der damit einhergehende steigende Wasserverbrauch sind die drei Risikofaktoren, die in der Zukunft zu Bilanzdefiziten bei den Oberflächengewässern und bei der Grundwasserneubildung in Berlin führen könnten. Zu Zeiten extremer Trockenheit in Kombination mit hohen Temperaturen kann extremes und vor allem länger anhaltendes Niedrigwasser den Wasserhaushalt Berlins zukünftig stark beanspruchen.

Die Untersuchungsergebnisse des Masterplans Wasser[25]

25 → Senatsverwaltung für Umwelt, Mobilität, Verbraucher- und Klimaschutz (SenUMVK):

verdeutlichen, dass der Handlungsbedarf – aber auch das Problembewusstsein – hoch ist, will man die Trinkwasserversorgung sichern, die Gewässer schützen und die Abwasserentsorgung anpassen. Neben einer konsequenten Fortführung und Intensivierung bereits ergriffener Maßnahmen sind auch neue Konzepte und Anpassungsmaßnahmen erforderlich, um die Zukunftsherausforderungen zu bewältigen, insbesondere auch um auf den absehbaren weiteren Bevölkerungszuwachs zu reagieren. Die hohe Inanspruchnahme der Grundwasserressourcen ist zu mindern (zum Beispiel durch die Erhöhung des Uferfiltrat-Anteils an der Trinkwasserversorgung) und Maßnahmen zur Erhöhung der Grundwasserneubildung sind zu ergreifen (zum Beispiel Waldumbau, dezentrale Regenwasserbewirtschaftung, Schwammstadt-Konzepte und Wasserrückhaltung). Auch die Zusammenarbeit mit dem Nachbarland Brandenburg und dem Bund muss intensiviert werden, um eine paritätische Bewirtschaftung von Spree und Havel sicherzustellen und bestmöglich zu koordinieren. Die Potenziale einer Verbundsteuerung der Versorger in der Metropolregion sollten untersucht werden. Und nicht zuletzt ist es geboten, den Bürger_innen und anderen Verbraucher_innen Vorschläge für den sparsamen Umgang mit Wasser zu machen. Denn ein bewussterer Umgang mit der knapper werdenden Ressource Wasser ist dringend erforderlich.

→ 5. Handlungsfeld Energiewirtschaft: Mit der Ausdehnung der heißen Sommermonate und dem Anstieg der Höchsttemperaturen wird absehbar der Einsatz von Klimaanlagen im privaten wie im öffentlichen Bereich sehr zunehmen. Damit verbunden sind zusätzliche Belastungen für die Stromver-

Wasserwirtschaft, Wasserrecht, Geologie, Berlin 2022.

sorgung, insbesondere durch erwartbar sehr hohe Spitzenlasten, vor allem am späten Nachmittag und Abend. Dort, wo es möglich ist, kann eine Verlagerung der Arbeitszeiten in kühlere Tageszeiten am Morgen und am späteren Abend, etwa in den Bildungseinrichtungen der Stadt, der öffentlichen Verwaltung und Unternehmen, den Kühlungsbedarf reduzieren. Ebenfalls wünschenswert ist der Ausbau der Gebäudekühlung durch passive Maßnahmen wie Verschattung, Verdunstung, Luftzugsysteme. Hier können die traditionellen Erfahrungen und Bauweisen der Städte in südlichen Regionen Inspiration und Vorbilder liefern, insbesondere für Neubauprojekte. Zu prüfen ist auch, ob in Berlin, ähnlich wie bereits in Paris, große Fernkühlanlagen unter Ausnutzung der Kanalisationsinfrastruktur realisierbar sind. Wo dies möglich ist, können beispielsweise Krankenhäuser, Schulen, Universitäten und öffentliche Gebäude zentral angeschlossen werden. Dort, wo klassische elektrische Kühltechnologie unverzichtbar ist, sind besonders energieeffiziente Geräte einzusetzen und möglichst mit regenerativ erzeugtem Strom zu betreiben.

→ 6. Handlungsfeld Industrie, Gewerbe, Finanzwirtschaft, Abfallwirtschaft: Hier sollten Informationen und Beratung zur Klimaanpassung in der Industrie sowie im Gewerbe und Handwerk angeboten werden, die auf den Daten des städtischen Frühwarnsystems basieren.[26] Ebenso sollten Betriebe auf dieser Grundlage bei der Erarbeitung von Klimaanpassungskonzepten unterstützt werden (zum Beispiel Maßnahmen zur Vermeidung von Schäden aufgrund von Starkwetter, Ausbau des betrieblichen Wärmeschutzes möglichst auf Basis klimaneutraler

26 → Auf dem städtischen Klimasimulationsmodell (PALM-4U, siehe oben) basierend.

Technologien und Konzepte, Flexibilisierung von Arbeits- und Öffnungszeiten).

→ 7. Handlungsfeld Verkehrsinfrastruktur: Hier sind eine Vielzahl von Klimaanpassungsmaßnahmen erforderlich, die auf die Besonderheiten der jeweiligen Verkehrssysteme beziehungsweise Verkehrsmodi abgestimmt sein sollten. So wird die sommerliche Kühlung öffentlicher Verkehrsmittel ebenso angeraten sein wie passive (Verschattungsarchitektur, Sonnensegel, Bepflanzungen) beziehungsweise sogar aktive Kühlungsmaßnahmen (Wasservernebelung) in besonders hitzeexponierten Wartebereichen und Haltestellen. Insbesondere der nahräumliche Fuß- und Radverkehr profitiert von einer städtebaulich integrierten schattenspendenden Straßenraumgestaltung und Wegeführung. Beim Bau von Straßen und Parkplätzen ist darüber hinaus auf die Verwendung hitzebeständiger Oberflächenbeschichtungen zu achten. Ideal sind Materialien, die hitzebeständig sind, Sonneneinstrahlung möglichst reflektieren und auch bei starken Niederschlägen funktional bleiben. Zudem lassen sich die Straßen und Parkräume so gestalten, dass sie entweder die Wasserretention unterstützen oder aber eine schnelle Ableitung von Niederschlagsspitzen ermöglichen.

→ 8. Handlungsfeld Tourismus, Kultur und Sport: Für die Berliner Wirtschaft spielt der Städte- und Kulturtourismus eine zentrale Rolle. Er ist eine der wichtigen Schlüsselbranchen mit einem jährlichen Umsatz von circa 11,5 Milliarden Euro und einem Beschäftigungseffekt von etwa 235.000 Vollzeitbeschäftigten. Dementsprechend wichtig ist auch für diesen Bereich eine zielgruppenspezifische Ausrichtung von Klimaanpassungsmaßnahmen, zum Beispiel bei Freiluft- und Sportveranstaltungen, etwa der Hitze- und UV-Schutz und die Trinkwasserversorgung in der City-Touristik, und beim Sightseeing mit Bussen und Fahrgastschiffen auf der Spree und der Havel.

→ 9. Handlungsfeld Bildung: Kitas und Schulen befinden sich meist dort, wo die Bevölkerungsdichte hoch ist, sodass das Gros dieser Einrichtungen in Gebieten mit ohnehin infolge des städtischen Wärmeinsel-Effekts erhöhten Temperaturen liegt. Aufgrund ihrer eingeschränkten Fähigkeit zur Regulierung ihrer Körpertemperatur sowie ihres Bewegungsdrangs sind Kinder besonders anfällig für Hitzestress und unzureichende Flüssigkeitszufuhr. Erforderlich werden deswegen besondere Anstrengungen für den passiven und aktiven Hitzeschutz der Bildungseinrichtungen. Auch die Außenbereiche der Kitas und Schulen sollten ausreichend Schutz bieten. Die Organisation der Bildung sollte hinreichend flexibel sein, etwa mit Blick auf den Sportunterricht, das Speise- und Getränkeangebot oder die „Hitzefrei"-Regelung.

→ 10. Handlungsfeld Umwelt- und Klimamigration: Neben vielen anderen Ursachen sind es zunehmende Extremereignisse wie Hochwasser und Dürren beziehungsweise langfristig wirkende Klimafolgen, die die Lebensgrundlagen von Millionen von Menschen vor allem in Ländern des globalen Südens gefährden. Für viele dieser Menschen bleibt dann nur die Flucht. Europa und auch Berlin gehören immer mehr zu den Zielräumen. Berlin kann davon profitieren, indem es sich bemüht, diese Menschen schnell und gut zu integrieren. Zu erwarten ist vor dem Hintergrund der aktuellen Erwärmungsdynamik im Süden Europas auch, dass auch in

Portugal, Spanien, Süditalien und Griechenland Menschen ihre Daseinsgrundlage im Tourismus, Weinbau oder der Landwirtschaft verlieren werden. Diese Europäer_innen profitieren von der EU-Freizügigkeitsregelung und könnten folglich im Norden Europas eine Beschäftigung und neue Lebensgrundlage suchen. Auf diese EU-Binnenmigration wie auch auf die Einwanderung aus außereuropäischen Regionen muss sich auch Berlin vorbereiten und mit der Bereitstellung von Wohnraum und ernst gemeinten integrationspolitischen Konzepten reagieren.

Berlin wird sich wie viele andere Städte der Welt in den kommenden Jahrzehnten zu einem Schaufenster des forcierten Klimawandels entwickeln. Es wäre fatal, würde es sich nicht zugleich zu einem Reallabor der Klimaresilienz umbauen, indem es im Kern gelingt, auch die aufgrund der unterschiedlichen Klimastressbetroffenheit ungleichen sozioökonomischen Verteilungseffekte und zu erwartenden sozialen Schieflagen abzufedern. Diese Anpassung an die sich beschleunigende Erwärmungsdynamik wird eine der größten und dauerhaftesten Herausforderungen für die Berliner Stadtentwicklungspolitik seit dem Zweiten Weltkrieg, dem Wiederaufbau und den Jahren des Kalten Krieges sein. Aber sie kann auch eine Chance sein, die ohnehin anstehende Modernisierung Berlins voranzubringen und die Erneuerung zu einer modernen, inklusiven, kooperativen und gerechten Stadtgesellschaft zu schaffen. So könnte sich Berlin bei frühzeitiger Handlungsbereitschaft als Vorbild einer Stadt etablieren, deren gesellschaftlicher Zusammenhalt durch die Krise gestärkt wird.

Im Sinne dieser leitenden Idee schildert das diese Studie abschließende narrative Best-Case-Szenario als erzählerisches und schlaglichtartiges Resümee der zusammengetragenen Fakten und Ideen den Wandel Berlins zu einer Art Bauhaus urbaner Klimazukunft mit Vorbildcharakter für andere Städte und Regionen. Wie würde sich das Alltagsleben der Berliner_innen verändern, wenn die im vorherigen Kapitel beschriebenen Maßnahmen zum Umgang mit den veränderten klimatischen Bedingungen rechtzeitig und schnell umgesetzt würden? Wie könnte – auch ausgehend von den bereits angeschobenen beziehungsweise geplanten Initiativen der Berliner Verwaltung – das ideale Szenario urbaner Resilienz Berlins als Reallabor der Klimaanpassung im Jahr 2049 aussehen?

# 7

# KLIMABAUHAUS BERLIN: NARRATIVES BEST-CASE-SZENARIO[27]

Es ist das beherrschende Thema auch in den USA: das urbane Leben in der Erderwärmung. Im November 2050 erscheint in der *Washington Post* daher eine Reihe von Artikeln über Berlin in der Erderwärmung. Warum ausgerechnet Berlin? Weil die Stadt sich in den zurückliegenden beiden Jahrzehnten zu einem Hotspot der urbanen Klimaanpassung entwickelt hat. Berlin ist heute ein internationales Schaufenster des klugen Umgangs mit der Erderwärmung. Die Stadt zieht Journalist_innen aus der ganzen Welt an. Sie kommen, um zu sehen und zu berichten, wie es gelingen kann, in und mit der Erderwärmung gut, gerecht und sicher zu leben.

---

**27 →** Der Golfstrom kollabiert: ein alternatives Szenario. Fast nach Abschluss dieser Studie zu einem klimaresilienten Berlin in einer sich erwärmenden Welt erscheint die Studie einer niederländischen Forschungsgruppe zum Zustand des Nordatlantikstroms (AMOC). Die Gruppe bestätigt auf der Grundlage eines sehr großen und bislang nicht erreichten Computerrechenaufwands die frühere These einer dänischen Forschungsgruppe, dass der Golfstrom einen Kipppunkt hat und zwischen 2025 und 2095 mit einer 95-prozentigen Wahrscheinlichkeit kollabieren könnte. Die Studie liefert detaillierte und hoch aufgelöste Simulationen der Auswirkungen eines AMOC-Kollapses auf das Klima. Sie zeigt, wie insbesondere Nordeuropa von Großbritannien bis Skandinavien verheerende Auswirkungen erleiden würde, wie beispielsweise eine Abkühlung der Wintertemperaturen um 10 bis 30 Grad Celsius innerhalb eines Jahrhunderts, und innerhalb von ein oder zwei Jahrzehnten vor allem auf der Nordhalbkugel ein völlig anderes Klima entstünde. Zunächst würden sich der Nordatlantik und Europa dramatisch abkühlen. Das Wetter hier würde dem in Alaska gleichen. Die hier fehlende Wärme würde sich im Rest der Welt aufstauen. Der Meeresspiegel im Norden würde um bis zu einen Meter ansteigen. Die Strömungsveränderung würde das maritime Ökosystem durcheinanderbringen. Das sind nur einige der wichtigsten Folgen. Das ist also ein ganz anderes Szenario als das hier angenommene der Stadt Berlin im Hitzestress. Worauf soll sich Berlin nun einstellen? Auf die Folgen von Hitze, Trockenheit und Starkwetter oder auf Eis und Dauerfrost? Im Falle des AMOC-Kollapses müsste Berlin statt auf Hitze sich auf Kälte vorbereiten und sich zusätzlich zu den Klimamigrant_innen aus dem Süden womöglich auf Klimamigrant_innen aus Skandinavien, Irland, Island und Großbritannien, die vor der Kälte fliehen, einstellen. Diese Frage muss hier zunächst offenbleiben. Doch bei einer 95-prozentigen Wahrscheinlichkeit innerhalb der kommenden 70 Jahre – sollten weitere Simulationen den Befund bestätigen und womöglich den Zeitpunkt des Kipppunktes des AMOC genauer fassen können – wäre es gut begründbar, die klimabezogenen Resilienzstrategien in ganz Nordeuropa komplett neu auszurichten (van Westen et al 2024).

Im Folgenden finden wir neben Artikeln auch Berichte, Kurzessays und Reisetagebuchnotizen der amerikanischen Journalistin Carla Rodriguez, die für die *Washington Post* schon seit bald 30 Jahren als Redakteurin für das Schwerpunktthema Klimamodernisierung arbeitet.

**Reisetagebuch, Berlin, 20. Juli 2050**

Bin heute in Berlin-Tempelhof am Zeppelin-Lufthafen nach vier Reisetagen mit dem Luftschiff gelandet. Die erst kürzlich neu eingerichtete Linie New York–Berlin wird stark nachgefragt. Die Reise war zwar etwas teurer und deutlich länger als mit dem Jet, doch ich habe mich in der kleinen, aber gut ausgestatteten Kabine sehr wohl gefühlt, konnte gut arbeiten und mich auf diese Reportage detailliert vorbereiten. Außerdem ist es immer wieder ein wirklich gutes Gefühl, ohne fossile Emissionen zu reisen. Die fünf Luftschiff-Landebäume des neuen Lufthafens in Tempelhof sind auf dem Dach des riesigen Flughafengebäudes aus der Nazizeit platziert. Wer mit dem Luftschiff nach Berlin reist, steigt mitten in der Stadt aus und kann ohne Probleme zu Fuß zum Essen in die immer noch hippe Bergmannstraße gehen. Ich habe mich praktischerweise gleich ins Hotel Zeppelin im Flughafengebäude eingebucht und habe von meinem Zimmer im obersten Stockwerk eines der riesigen Seitenflügel einen grandiosen Blick über das Tempelhofer Feld, das einmal der wichtigste innerstädtische Flughafen Berlins war.

Der Blick weitet sich nach Osten bis zum Stadtteil Neukölln und nach Süden bis Tempelhof. An den Rand des Felds hat man einen lichten Wald gepflanzt, nur in der Mitte ist eine immer noch wirklich große freie Fläche für die vielfältigen Freizeitaktivitäten der Berliner_innen erhalten geblieben, auch um die Funktion des Feldes als wichtige Belüftungsschneise der Stadt nicht zu sehr einzuschränken. In den Wald integriert sind Wohnriegel in klimaneutraler Holzbauweise für insgesamt fast 5.000 Menschen. Dazwischen etliche Plätze für flexible Tiny-House-Parks, ebenfalls in Holzbauweise mit Ver- und Entsorgungsinfrastrukturen für jeweils bis zu 20 kleine Häuser. Der Wald wurde vor 20 Jahren gepflanzt, hitzeangepasste Arten wie die Esskastanie, Baumhaselnuss, Schiffsmastrobinie, Roteichen und auch Birken, die heute fast schon 30 Meter hoch sind. Dieser Park ist eine der vielen innerstädtischen grünen Lungen Berlins, mit seiner Größe sicher auch eine der wichtigsten. Bis zu meinem Zimmer hoch rieche ich die etwas feuchten, sauerstoffreichen Ausdünstungen der Bäume. Und dabei ist der Wald noch nicht einmal ausgewachsen.

## Von der heißen Stadtwüste zum grünen Paradies: Berlin sieht von oben wie ein großer Park aus, der eine Stadt hat, und nicht wie eine Stadt, die einen Park hat

Der neue Park geht fast nahtlos in die schon lange bestehende Hasenheide über, die wie andere städtische Parks auch mit klimaresilienten Bäumen aufgeforstet wurde. Die ehemals stark befahrene Flughafenstraße konnte man früher kaum sicheren Fußes überqueren, heute ist sie an drei Stellen übertunnelt. Die grün bewachsenen Tunnel sind Übergänge für alle Stadtbewohner_innen. Weil inzwischen so viele grüne Schneisen Berlin durchziehen und ein feingliedriges Netz bilden, findet man heute manchmal sogar Rotwild in der Hasenheide. So etwas ist fast einmalig in der Welt, glaube ich, doch ist Berlin ohnehin insgesamt unglaublich grün. Beim langsamen Sinkflug über die Stadt sieht man die grünen Adern entlang der Magistralen, mit grünen Miniparks und Tiny Forests als Knotenpunkten, ein grünes die Stadt umfassendes Rankengeflecht aus Bäumen, Büschen, vertikalen Gärten in sonnigen Nischen und an den sonnenzugewandten Seiten der vielen neuen Hochhäuser in Holzbauweise, am Stadtrand wie in der City. Und was von oben betrachtet noch mehr auffällt, ist das unglaublich weiße Strahlen der Stadt: Dächer, Fassaden, Straßen und andere geeignete Flächen sind mit Bariumsulfat-Superweiß-Farbe angestrichen, um die Sonnenhitze zurückzustrahlen in den Weltraum. Ich habe dazu recherchiert und werde auch einen Ortstermin in der Zentrale der für die Oberflächenbehandlung verantwortlichen Firma haben. Bin schon sehr gespannt … „Von den Städten im Süden lernen" heißt offenbar also die städtebauliche Devise Berlins. Nicht nur bei den weißen Fassaden, sondern auch bei Kühlungs- und Belüftungssystemen, die ohne energieaufwendige Kühltechnologie auskommen, bei Verschattungsarchitektur, kühlenden Innenhöfen, öffentlichen Trinkbrunnen und einem insgesamt hitzeangepassten Verhalten der Menschen.

Das wird also mein Thema der nächsten beiden Wochen sein: Wie hat es Berlin geschafft, in 20 Jahren zu einer Art Bauhaus der Klimaresilienz zu werden? Ich werde Interviews und Hintergrundgespräche mit Politiker_innen, mit Wissenschaftler_innen, Stadtplaner_innen und Aktivist_innen führen und ansonsten vor allem einfach diese schöne kühle Stadt genießen. Ab morgen mehr.

## Vom Klimabauhaus Berlin lernen – die adaptive Stadt als Reallabor der Klimaanpassung, *Washington Post,* Hintergrundartikel vom 26. September 2050

Im europäischen Krisensommer vor genau 25 Jahren wurde in Berlin eine Entscheidung getroffen, die dazu führte, dass ich heute aus der Stadt berichte. Berlin gilt heute als ein weltweites Vorbild für urbane Klimaresilienz, als ein Reallabor, wie sie in Berlin sagen, für tiefgreifende urbane Experimente zur schnellen Klimaanpassung: Eine engagierte Bevölkerung, eine handlungs- und interventionsbereite Politik, viel wissenschaftliche Expertise und ein kreatives Milieu von Landschaftsgestalter_innen, Architekt_innen, Stadtplaner_innen und Künstler_innen amalgamierten damals unter dem Eindruck der europäischen Hitzekrise von 2025 zu einer enorm kreativen, kooperativen und positiv konstruktiven kritischen Masse, die bis heute das wohl größte städtebauliche Umbauprojekt einer europäischen Stadt in der Erderwärmung vorantrÄgt, erhält und sogar noch ausbaut: das Berliner Klimabauhaus. Wie kam es dazu, was war damals geschehen?

## Der Berliner Baumentscheid – mit einem Volksentscheid bäumt sich Berlin gegen die Dürre auf[28]

Zum Hitzesommer von 2025 kam es durch ein über Monate stabiles Hochdruckgebiet über fast ganz Europa. Schon in den Vorjahren hatte es neue Spitzentemperaturen und

28 → Vergleiche zum Dürrethema Ute Scheub/Stefan Schwarzer: Aufbäumen gegen die Dürre. Wie uns die Natur helfen kann, den Wassernotstand zu beenden, München 2023.

eine hitzebedingte Dürre gegeben, die der Vegetation und den Wasserreserven in Berlin und im Berlin umgebenden Bundesland Brandenburg stark zugesetzt hatten. Die Winterniederschläge konnten dieses Defizit nicht ausgleichen und so startete die Vegetation damals schon ausgedorrt in den neuen Sommer. 2025 wurde dann eine bis dahin nie erreichte Hitze in Europa gemessen, vor allem aber in den nordöstlichen Regionen in Deutschland und Polen. In Berlin gab es wochenlang Temperaturen nahe 40 Grad Celsius. Ende Juli wurde die 40-Grad-Marke in Berlin zum ersten Mal für längere Zeit (vier Tage) überschritten, was in der unvorbereiteten Stadt zu einem enormen Chaos führte. Fast 10.000 vor allem ältere Menschen starben in den Altenheimen, Krankenhäusern oder sich selbst überlassen und allein in ihren heißen Wohnungen an der Hitze. Das Notrettungssystem war über Tage vollkommen überlastet. Die Innenstadt heizte sich an manchen Stellen sogar bis zu 60 Grad Celsius auf. An ein öffentliches Leben war tagsüber nicht zu denken. Die öffentlichen Verkehrssysteme waren kaum zu nutzen, in den S-Bahn-Waggons, in denen die damals noch nicht angepassten Klimaanlagen versagten, heizte sich die Luft auf bis zu 55 Grad Celsius auf. Auch Rad fahren und zu Fuß gehen wurden tagsüber zum Gesundheitsrisiko. Die Freibäder wurden mehrfach gestürmt, die Sicherheitsleute einfach überrannt, die Zäune überklettert. Die Klimaanlagen in den öffentlichen Gebäuden und den privaten Wohnungen und Häusern liefen auf Hochtouren und brachten das Stromnetz an den Rand der Belastung. Wegen der Trockenheit kam es im Grunewald zu einem Großbrand, der erst nach einer Woche gelöscht war. Die Luftqualität in der Stadt war entsprechend schlecht. Die Bewohner_innen der Einfamilienhäuser und Villen am

Stadtrand versuchten trotzdem ihre Gärten mit kostbarem Trinkwasser vor der Trockenheit zu retten. So wurde schließlich das Trinkwasser knapp und Berlin musste zum ersten Mal in seiner Geschichte die verfügbare Wassermenge am Morgen und in den Abendstunden rationieren. Es kam damals sehr schnell zu wütenden Protesten für Klimagerechtigkeit an den stadtnahen Golfplätzen und in den Villenstadtteilen, deren Besitzer_innen weiterhin das Grün wässerten und ihre Pools am Laufen hielten.

Das alles wirkte wie ein Schock auf die Berliner_innen. In dieser drückenden und aufgeheizten Stimmung, einer Melange aus Schlaflosigkeit, Erschöpfung, Überforderung, Angst, Zorn und schlichter Hitzigkeit, die zu Kopf stieg, bot sich der sogenannte Berliner Baumentscheid schließlich als ein Ventil für die Bürger_innen an, die Stadt und die kommunalen Verwaltungen an ihre Pflicht zur Daseinsvorsorge auch im Klimawandel zu erinnern. Die Forderungen des Baumentscheids waren zugespitzt, prägnant und nachvollziehbar, vor allem mit der sehr eingängigen Forderung, gegen die Hitze sehr schnell viel mehr städtisches Grün zu schaffen: Mehr neue Bäume sollten gepflanzt, alte Bäume geschützt und Flächen und Gebäude begrünt werden, auf Extremwetterlagen wie Hitze, Starkregen, Dürre und Sturm sollte die Stadt schnell und adäquat reagieren können, Berlin sollte vorbeugend und systematisch wetter- und hitzefest gemacht werden, eine sichere Wasser- und Trinkwasserversorgung sollten gewährleistet werden, vor allem durch eine verbesserte Wasserkreislaufführung, und schließlich sollten auch die Berliner Verwaltung, das Regierungshandeln und die Zusammenarbeit mit den Bürger_innen „wetterfest" gemacht werden.

Die Debatte über die Anpassung an den Klimawandel kam damit erst so richtig in Fahrt. Das Klimaanpassungsvolksbegehren wurde ein voller Erfolg für die Organisator_innen und bekam eine fast 95-prozentige Zustimmung bei einer enorm hohen Wahlbeteiligung. Abgeordnetenhaus und Senat hatten angesichts der aufgebrachten Bevölkerung keine andere Möglichkeit, als sich der Sache anzunehmen. Aber sie hatten tatsächlich noch mehr verstanden – nämlich dass sich mit der Aufgabe der Klimaanpassung ein Narrativ anbot, die ohnehin dringende Modernisierung der bislang zutiefst fossil organisierten Stadt auf einen gemeinsamen Nenner für alle zu bringen und damit die bestehenden politischen Gräben zu überwinden. Daher gingen sie die Sache behutsam, konsequent und richtig an.

Das „Klimabauhaus Berlin" war das richtige Konzept zur richtigen Zeit, um dem Stadtumbau einen zugkräftigen und visionären Namen zu geben.

## Das Klimabauhaus Berlin – ein Besuch bei der Klimasenatorin

„Der Baumentscheid war der ausschlaggebende Impuls für die Politik. Die Politiker_innen kamen nicht mehr darum herum, schließlich zu akzeptieren, dass die Berliner_innen den Schutz vor der Hitze und den anderen Folgen der Erderwärmung als eine zukünftig sehr zentrale Leistung der kommunalen Daseinsvorsorge einforderten, so ähnlich grundlegend wie gute öffentliche Mobilität oder eine funktionierende Gesundheitsversorgung. Diese Einsicht änderte alles. Wir kamen überraschend schnell auch über parteipolitische Grenzen hinweg zur Gewissheit, die Klimaanpassung künftig zur Prämisse jeglicher Stadtentwicklungspolitik machen zu müssen."

Ich sitze mit der Klimasenatorin in ihrem wunderbar kühlen Büro im Roten Rathaus, natürlich ist auch das Gebäude an die öffentliche Fernkälte angeschlossen, wie sie mir gleich zu Beginn des Gesprächs eröffnet. Es war sogar eines der ersten Gebäude, die in der damaligen Experimentierphase angeschlossen wurden. Unter den ausladenden Sonnenschutz-Markisen über den Fenstern ihres Büros kann man weit über den Alexanderplatz schauen. Im Schatten des mächtigen Fernsehturms tummeln sich die Tourist_innen unter Sonnensegeln und kleinen Baumgruppen. Ich zähle allein hier vier öffentliche Trinkbrunnen und zwei Kältepunkte (Cooling-Spots) jeweils im Schatten einer kleinen Baumgruppe. Man kann diese über ganz Berlin verteilten öffentlichen Kältepunkte über eine Handy-App identifizieren. Oft sind sie mit weiterer Infrastruktur wie Toiletten oder kleinen Kiosken mit Eis und kalten Getränken kombiniert. Und die Kioskbesitzer_innen müssen eine kurze Grundausbildung in hitzemedizinischen Fragen durchlaufen. Erst dann dürfen sie ihr Geschäft aufnehmen. An den Kältepunkten strömt kühle Luft aus dem öffentlichen Fernkältesystem in eine Art Zelt mit der Form etwa einer Jurte. Die auch hier mit Bariumsulfat-Superweiß-Farbe präparierten Stoffbahnen sorgen dafür, dass die kostbare Kühle sich nicht sofort mit der heißen Sommerluft vermischt und den Besucher_innen eine kleine Atempause verschafft. An den Cooling-Spots kommt es – jedenfalls ist das mein Eindruck – zu überraschend offenen Begegnungen zwischen den sonst oft so reservierten und mürrischen Berliner_innen. Anders als in den U- oder S-Bahnen kommen die Leute hier offenbar schnell miteinander ins Gespräch. Es muss diese Mischung aus Erleichterung und Kühle sein – die Orte fühlen sich an wie Oasen in der Stadtwüste –, die die Leute füreinander öffnet.

## Öffentliche Kälte als kommunale Daseinsvorsorge

Die Senatorin ist meinem Blick gefolgt. „Dort hinten in der Bodenstation des Fernsehturms haben wir damals einen der ersten öffentlichen Kühlräume eingerichtet, hier etwas größer, um auch den vielen Tourist_innen am Alex ein Angebot machen zu können. Die Tourist_innen sind ja ein entscheidender Wirtschaftsfaktor für Berlin, gerade auch im Sommer." Diese kommunalen Kühlzentren gibt es heute überall in der Stadt. Sie sind ein Herzstück der sommerlichen Daseinsvorsorge in Berlin, zusammen mit den Ausweitung der öffentlichen Pop-up-Bädern, gerade hier in den dichten Innenstadtbezirken ohne Seen oder privaten Poolzugang wie im reichen Südwesten. „In den großzügiger als die flächendeckenden Cooling-Spots angelegten kommunalen Kühlzentren wird auch eine professionelle medizinische Notfallversorgung bei Hitzestress angeboten", führt die Senatorin weiter aus. „Es werden vor allem für die älteren Bürger_innen und Tourist_innen neben der ärztlichen Versorgung auch isotonische Getränke und Infusionen zur Kreislaufstabilisierung bereitgehalten. Und wenn es auf den eigenen Beinen nicht mehr weitergeht, organisiert man dort auch einen Shuttle ins Hotel, nach Hause oder gegebenenfalls in ein Krankenhaus zur weiteren Stabilisierung."

Und schließlich sind die Kühlzentren offenbar auch ein wichtiger Faktor der Klimagerechtigkeit, wie die Senatorin ausführt: „Eine ungleiche Sozialstruktur, große Einkommensunterschiede, eine schlechtere soziale Absicherung und damit sehr oft auch nur ein Zugang zu schlechten Wohnlagen in dichten Stadtteilen mit minderwertigerer Bausubstanz, die sich sehr schnell erwärmt und auch nur langsam abkühlt, sind Faktoren, die natürlich auch dazu beitragen, dass die Menschen sehr ungleich von der urbanen Hitze betroffen sind. Berlin ist wie viele deutsche Städte nach wie vor eine Stadt mit großer sozialer Ungleichheit. Die Ursachen dafür müssen weiterhin an anderer Stelle angegangen werden. Aber wir haben trotzdem versucht, dem mit unserer Klimaanpassungsstrategie, so gut es ging, gerecht zu werden. Gerade in den Großsiedlungen und in den sozial schwächeren Stadtteilen wie etwa Neukölln haben wir auf eine viel größere Dichte an Cooling-Spots großen Wert gelegt als zum Beispiel in Zehlendorf. Denn dort haben die Bewohner_innen meistens keinen privaten Zugang zu Klimaanlagen, auch keinen Pool oder einen nahen See zum Abkühlen und meist auch weniger grüne Infrastruktur, die deutlich zur Abkühlung dieser Stadtteile beitragen könnte. Und schließlich hatte und hat Berlin als eine der nach wie vor attraktivsten Einwanderungsstädte Europas auch ein immer noch viel zu großes Problem mit der Wohnungslosigkeit. Ein bestimmter Anteil der Zuwander_innen, gerade wenn sie illegal hierherkommen, landet in der Obdachlosigkeit. Was machen diese Menschen bei 43 Grad Celsius ohne Schatten und Wasser zum Trinken und Waschen, wie schützen sie Lebensmittel vor dem Verderben? Deswegen gibt es heute in jedem Bezirk mindestens zwei extragroße Kälteräume für Wohnungslose, die im Winter zu Wärmestuben werden. Hier gibt es im Sommer Kühle und Trinkwasser, Elektrolyte, medizinische Grundversorgung und im Winter Wärme und eine heiße Suppe. Das ist das Mindeste, was wir für diese Menschen leisten müssen!"

Die als gute Teamspielerin bekannte Klimasenatorin ist eine mächtige Frau, und das strahlt sie auch aus, sicher getragen von der Gewissheit, in den letzten Jahren eine sehr erfolgreiche und vorbildliche Politik gemacht zu haben. Sie steht einem Superressort vor, in dem die wichtigsten wirtschaftlichen und städtebaulichen Bereiche mit Zuständigkeiten des Senats für Inneres, wie vor allem dem Katastrophenschutz, dem Technischen Hilfswerk und weiteren Einsatzkräften, vereint sind. Sie ist heute vor allem eine Klimaanpassungssenatorin. Der Klimaschutz spielt natürlich auch noch eine Rolle und man versucht die beiden Ziele in den konkreten Maßnahmen auch systematisch miteinander zu verknüpfen. Aber in den ersten Jahren nach 2025 hatte im Zweifel der Schutz der Bevölkerung vor den Folgen der Erderwärmung immer Vorrang vor dem Klimaschutz selbst.

## Die Entstehung der Klimabauhaus-Idee

Beim geeisten Kaffee komme ich schließlich auf das Berliner Klimabauhaus zu sprechen. Die Senatorin war als junge Mitarbeiterin des Senats für Stadtentwicklung vom Anfang dieser Idee an dabei und kann gewissermaßen als Zeitzeugin davon berichten. „Das alte, historische Bauhaus zu Beginn des 20. Jahrhunderts war eine Reaktion auf die technologischen und gesellschaftlichen Umbrüche und Innovationen des Industriezeitalters, der Moderne. Das neue Bauhaus sollte auf die Bedingungen und Anforderungen der Epoche der Erderwärmung antworten. Alle gesellschaftlichen, technologischen und wirtschaftlichen Innovationsprozesse der Stadt sollten mit Blick auf den Fluchtpunkt der Erderwärmung neu ausgerichtet werden. Die planetare ökologische Krise sollte in den Mittelpunkt aller Stadtentwicklung in Berlin gestellt werden. Wir waren inspiriert durch die Initiative „New European Bauhaus" der damaligen EU-Kommissionspräsidentin Ursula von der Leyen und ihrer einflussreichen Ratgeber_innen aus dem Potsdam-Institut für Klimafolgenforschung (PIK), allen voran des damaligen Leiters des PIK, Hans Joachim Schellnhuber. Er hatte zuvor die Grundideen mit anderen zusammen in der „Caputher Erklärung" gebündelt, die sich am holistischen und transdisziplinären Innovationsansatz des historischen Bauhauses orientierte. Das Hauptziel aller Baukultur sollte zukünftig das gute Leben der Menschen im Einklang mit der Natur sein. Als Leitbegriff der durch Architektur, Kunst, Design, Manufaktur, Infrastruktur, Stadtentwicklung, Landschaftsgestaltung und Raumplanung nun zu erschaffenden nachhaltigen Moderne wurde das Organisch-Natürliche vorgeschlagen – so wie sich die untergehende industrielle Moderne eben am Maschinellen ausrichtete."

Die Caputher Erklärung stellte damals vor allem die Baukultur in den Mittelpunkt ihrer Argumentation. Insbesondere Holz und andere biobasierte und also nachwachsende und damit CO2 bindende Rohstoffe wie zum Beispiel der Nutzhanf sollten statt des den CO2-Ausstoß nur noch weiter erhöhenden Stahlbetons zukünftig die vielfältigen Innovationen in der Baukultur tragen. Damit würde man eine enorme globale Kohlenstoffsenke zur Begrenzung des weiteren Klimawandels schaffen können, die leistungsfähiger und dauerhafter sein würde als alle anderen damals diskutierten hochtechnologischen und sehr teuren Verfahren zur Entnahme von CO2 aus der Atmosphäre. Das Bauen – bislang einer der größten Treiber der Erderwärmung – würde mit seinen zukünftig organisch basierten Bauweisen fürderhin dazu beitragen, die Erderwärmung zu reduzieren. „Doch wir wollten in Berlin noch mehr", berichtet die Senatorin nun mit Begeisterung in der Stimme. „Wir wollten alle für die Klimaadaption und andere Berliner Zukunftsfragen nötigen urbanen Innovationen auf diesen Fluchtpunkt hin entwickeln: neue, klimaangepasste Bauformen für den dringend benötigten Wohnungsbau, vor allem wegen der ansteigenden Klimamigration aus den südeuropäischen Ländern; dann die schrittweise Klimaanpassung der vorhandenen Bausubstanz, angefangen bei Wohn- und Verwaltungsbauten bis hin zu den öffentlichen kommunalen Infrastrukturen des Verkehrs, der Gesundheit, der Bildung, des Katastrophenschutzes, der Ver- und Entsorgung, des Wassermanagements etc. Wir wollten alle städtischen Regeln, Routinen und Abläufe mit Blick auf die Klimaresilienz der Stadt neu denken, von der Bauordnung bis in die Logistik und die städtischen Dienstleistungen hinein. Im klimaangepassten Berlin sollten Wohnraum und Infrastrukturen möglichst biobasiert modernisiert werden. Wo Neubau nötig wurde, wurde mit Holz geplant, wo Renovierung nötig war, sollte mit biobasierten Baustoffen ergänzt und zugebaut werden. Wir wollten die städtischen Energie- und Materialströme ganz neu als organische Kreisläufe denken, allerdings mit menschengemachten technologischen Elementen. Weil nur die grüne Stadt in der Erderwärmung langfristig wirkliche Lebensqualität liefern kann, wollten wir sie auf den Fundamenten der alten Stadt Schritt für Schritt umbauen. Die Bau- und Wuchswerke sollten miteinander vernetzt werden. Fassaden, Dächer, Tragwerke und Infrastrukturen selbst sollten biomorph werden, sollten nicht mehr nur als Träger für Bepflanzungen funktionieren, sondern am Ende irgendwann selber ein Organismus werden, der wie eine Pflanze Energie und Biomasse produziert, kostbares Wasser hält und im Kreislauf führt, kühlt und vor Starkwetterkatastrophen schützt. Es lag in der Natur der Sache, dass nur das Stadtentwicklungsressort in der Lage sein würde, diesen gigantischen Integrations- und Kollaborationsprozess aller Gewerke zu koordinieren. Wir brauchten neues Wissen, zügig anwendbare Technologien, neue Köpfe und vor allem ein gutes Kooperationsmanagement. Das war dann die Aufgabe der neu geschaffenen Senatsverwaltung und der ihr vorstehenden Klimasenatorin. Und als eine ausführende Unterbehörde schufen wir neben dem Neuzuschnitt des Ressorts die Berliner Klimaanpassungsbehörde. Für die Integration und anwendungsorientierte Sortierung des Wissens machten wir die TU Berlin mit ihren Planungsdisziplinen und die benachbarte und als Klimabauhaus-Universität neu gegründete Universität der Künste zentral verantwortlich, schufen neue Lehrstühle und Wettbewerbe für innovative Köpfe aus der ganzen Welt. Designer_innen, Planer_innen, Architekt_innen, Umwelt- und Wasserbauingenieur_innen, Meteorolog_innen etc. waren aufgefordert, das Neue Berliner Bauhaus mitzuerschaffen."

Die Frau ist kaum zu stoppen, denke ich mit Blick auf die Uhr und die ablaufende Gesprächszeit. Denn mir liegt, inspiriert durch die letzten Ausführungen der Senatorin zum Fachkräftebedarf, plötzlich eine wichtige Frage auf der Zunge, nicht zuletzt auch als US-Bürgerin, die über die ungute US-Einwanderungspolitik der letzten Jahrzehnte unglücklich ist. Wie steht es in Europa mit der Klimamigration aus dem globalen Süden, die nun zunehmend – wie ich in meiner Vorbereitung auf diese Recherche gelernt habe – durch Migration aus den südeuropäischen Ländern ergänzt wird? Als ob sie es geahnt hätte, kommt die Senatorin auf diesen Punkt zu sprechen, den sie mir zum Ende des Gesprächs offenbar noch unbedingt mitgeben will: „Zynischerweise hilft uns ausgerechnet der Klimawandel selbst, uns auf ihn vorzubereiten und an ihn anzupassen. Die durch ihn getriebene Nordmigration ist gut für ganz Nordeuropa, Deutschland und vor allem auch Berlin, denn das Klimabauhaus braucht eine Menge Arbeitskräfte: Ingenieur_innen, Handwerker_innen, Bäuer_innen, Gärtner_innen und einfache Arbeiter_innen. Der demografische Wandel brachte für Deutschland bis Ende der 2030er-Jahre eine Menge Herausforderungen mit sich, vor allem im Gesundheits- und Pflegewesen. Die Einwanderung aus den Nicht-EU-Staaten blieb eine politisch sehr umstrittene Angelegenheit, auch in meiner Partei, obwohl allen bewusst war, dass mittlerweile vor allem der Arbeitskräftemangel der wirtschaftlichen Entwicklung die größten Schwierigkeiten machte. Doch dann kam es zu einer von den meisten nicht erwarteten Entwicklung: Die Erwärmungsdynamik, die Hitzespitzen und der Wassermangel wurden im Süden Europas sehr schnell so krass, dass in Spaniens Obst- und Gemüseplantagen die Produktion nahezu eingestellt werden musste und der Tourismus in den Hochsommermonaten eigentlich gar nicht mehr möglich war. Das galt ebenso für Portugal, Italien und Griechenland. Die Arbeitskräfte im Tourismus und aus den Plantagen, die Bäuer_innen, Handwerker_innen, Winzer_innen und Köch_innen, die Restaurantbesitzer_innen und -angestellten etc. bekamen ein existenzielles Problem und viele von ihnen nutzten als EU-Bürger_innen ihr Recht auf Freizügigkeit in Europa. Wir in Berlin konnten ihnen ein Angebot machen, denn bei uns brauchten wir ja genau diese Kompetenzen, um das Klimabauhaus zum Leben zu erwecken. Allein für die Bestückung und Pflege der verschiedensten urbanen Oberflächen mit dem Bariumsulfat-Superweiß brauchen wir etwa 5.000 Arbeitskräfte zusätzlich. Das damit verbundene Wohnraumproblem haben wir dann auf eine recht unkonventionelle Art und Weise gelöst: Zehntausende von Tiny Houses in Holzbauweise. Auch für deren Produktion und ihr standortspezifisches Design konnten wir die Handwerker_innen aus dem Süden natürlich gut gebrauchen. Selbst in einer scheinbar fertig gebauten Stadt wie Berlin finden sich Hunderttausende geeignete Flächen und Nischen, in die wir hölzerne Minihäuser einpassen können. Wir nutzen den urbanen Raum so optimal aus und können bezahlbaren und flexiblen Wohnraum schaffen ... Aber davon erzählt Ihnen am besten eine meiner engsten

Mitarbeiterinnen, die Leiterin der Klimaanpassungsbehörde. Lassen Sie sich auch die Sache mit der öffentlichen Fernkälte und den Pop-up-Pools ganz genau erklären ..." Und mit diesen Worten rauscht sie schon aus dem Raum und zum nächsten Termin.

## Die Berliner Klimaanpassungsbehörde – Exkursionen mit der Chefstrategin der Berliner Klimaanpassung

Auch die Leiterin der Klimaanpassungsbehörde sitzt im Roten Rathaus. Ein paar Flure weiter, wie eine Spinne im Netz des Kooperationsmanagements dieses enormen Transformationsprojekts. Auch sie erscheint mir sehr kompetent und zugleich mit hoher kommunikativer Intelligenz ausgestattet. Das ist sicher hilfreich in ihrer Rolle. Denn alle Fäden der Berliner Klimaanpassungspolitik laufen hier zusammen und müssen von ihr und ihren Mitarbeiter_innen sinnvoll verwoben werden. Wir sind zu einer gemeinsamen Exkursion durch Berlin verabredet. Sie wird mir die Berliner Schwammstadt-Philosophie, gemeint ist das verbesserte Wasserkreislaufmanagement, ferner die neue grüne Infrastruktur und Bausubstanz und die vielen anderen kleinen und großen genialen Ideen der Berliner Klimatransformation erklären, wie die Pop-up-Pools in der Innenstadt oder das Berliner Fernkältesystem. Doch zuvor bitte ich sie, mir den Masterplanprozess des Neuen Berliner Bauhauses noch einmal genauer zu schildern und da zu beginnen, wo alles begann ...

„Das begann mit dem Baumentscheid 2025 und der Tatsache, dass die Erwärmungsdynamik sich danach nicht wieder abschwächte. Auch 2026 war ein im Durchschnitt viel zu warmes und im Sommer unerträgliches Jahr und die Proteste und Sorgen in der Bevölkerung wurden immer drastischer und lauter. Die Parteien im Berliner Abgeordnetenhaus überlegten schon seit dem grandiosen Erfolg des Volksentscheids, wie sie mit der Situation am besten umgehen könnten. Den Ausschlag gab dann eine Einladung des Regierenden Bürgermeisters zu einem parteienübergreifenden Treffen mit den Organisator_innen des Baumentscheids und einschlägigen Wissenschaftler_innen vom PIK in Potsdam und den Berliner Universitäten. Dieses Treffen war aus heutiger Sicht die Gründungsveranstaltung der Berliner Klimabauhaus-Initiative. Verabredet wurde der Auftrag an das Stadtentwicklungsressort, sehr schnell einen Masterplanprozess zu definieren, in dem Leitbild, Strategien und die einzelnen Maßnahmenbündel für den Klimabauhaus-Prozess ausgearbeitet wurden. Dafür hatte das Ressort drei Monate Zeit. Gleich danach starteten die Partizipation der Bezirke und ihrer Bewohner_innen und eine Reihe von Arbeitstreffen zur Einbindung von Wissenschaft und Wirtschaft in Berlin. Uns ging es dabei vor allem darum, den Berliner_innen klarzumachen, dass das Klimabauhaus nur als gemeinsames Projekt von Zivilgesellschaft, Wirtschaft, Wissenschaft, Kultur und Politik erfolgreich sein würde. Auch die Medien wurden eingeladen, den Prozess zu begleiten, kritisch, aber vor allem auch unterstützend. Wenn ich das heute mit etwas Abstand erzähle, klingt das natürlich wahnsinnig idealistisch und fast wie aus dem Lehrbuch. Aber es hat tatsächlich weitgehend funktioniert, weil allen an jedem weiteren Tag mit Hitze und Trockenheit bewusst wurde, was auf dem Spiel stand. Und natürlich machte es auch einen großen Unterschied, dass die Parteien auf ihre üblichen Machtspiele weitgehend verzichteten. Ich kann letztlich auch nicht ganz genau erklären, warum alles so gut klappte nach den ganzen vergeblichen Jahren, in denen wir Klimaaktivist_innen nicht angehört wurden."

Mittlerweile sind wir mit dem Dienstwagen auf dem Weg zu einem der bekanntesten Pop-up-Pools in der Innenstadt, dem am Potsdamer Platz. Auf den Straßen ist wenig los, denn das Thermometer steht heute am späteren Vormittag schon bei 33 Grad Celsius. Gegen Nachmittag werden knapp 39 Grad erwartet. Die neuen Regelungen sehen ab einer Temperatur von 35 Grad ein automatisches Fahrverbot für Fahrzeuge mit Verbrennungsmotor vor, denn ihre Motoren erzeugen zusätzliche Wärme und vor allem Emissionen, die bei der starken Sonneneinstrahlung schnell zu hohen Ozonwerten und Atemproblemen bei vielen Berliner_innen führen. Darauf scheinen sich die Leute heute bereits eingestellt zu haben. Zur Vorbereitung unseres Ortstermins erklärt mir meine Gesprächspartnerin, dass die Fahrverbote, die Pop-up-Pool-Idee, die Bariumsulfat-Superweiß-Initiative und die Berliner Fernkälte zur ersten Zündstufe des Masterplans gehörten. Hier ging es darum, so schnell wie möglich alle machbaren sinnvollen Entlastungen und Katastrophen- und Gesundheitsschutz für die Menschen zu organisieren.

Ich staune nicht schlecht, als wir am Pool am Potsdamer Platz ankommen: ein temporäres öffentliches Freibad im Zentrum der Hauptstadt der drittgrößten Wirtschaftsnation der Welt. Neue Wege eben ...

**Der Pop-up-Pool am Potsdamer Platz**
**Reisebericht von Carla Rodriguez, Berlin, 25. Juli 2050**

Es stimmt tatsächlich, auf dem Potsdamer Platz wird gebadet, mitten in der Berliner Steinwüste, mitten in der City, etwa dort, wo auch die erste Ampel der Welt einmal stand und heute nur noch ein Nachbau davon. Seit Anfang Mai bis Ende September steht hier ein Pop-up-Pool. Wie der Name „Pop-up-Pool" bereits verrät, handelt es sich um ein Schwimmbad, das nur vorübergehend geöffnet hat. Zum Freibad gehören ein Schwimmbecken mit Blick auf den Bahntower, ein kleiner Liegebereich und ein Sandstrand mit ein paar Liegestühlen, Picknicktischen, Duschen und rollenden Umkleidekabinen, in denen es auch Schließfächer gibt; allerdings müssen Sie Ihr eigenes Schloss mitbringen. Da die maximale Kapazität des Schwimmbads nur 200 Personen beträgt, gibt es Badezeiten, sodass jede_r die Chance auf Erfrischung bekommt. Wer zuerst kommt, mahlt zuerst! Wenn Sie an der Reihe sind, erhalten Sie ein Armband, mit dem Sie Eintritt für 30 Minuten bekommen. So kurz nur, damit möglichst viele sich abkühlen können. Man kann auch nicht sportlich seine Bahnen schwimmen. Dazu ist der Pool zu klein. Er ist wirklich nur zur Abkühlung gedacht. Nachmittags zu definierten Zeiten haben die Kinder aus den umliegenden Wohngebieten Zugang. Für Grundschulen werden am Vormittag manchmal Schwimmkurse angeboten. Das Becken war einer der ersten Sommerpools, die die PopPool GmbH, ein Start-up der Berliner Bäderbetriebe, wegen der riesigen Nachfrage nach Freibädern eröffneten. Nach der Anschubfinanzierung durch den Senat wurde das Konzept sehr schnell so erfolgreich, dass es trotz sehr geringer Eintrittspreise bereits nach drei

Jahren aus eigener Kraft expandieren konnte und heute den Bäderbetrieben in den Sommermonaten zusätzliche Einnahmen beschert. Technisch gesehen sind die Pools wie der am Potsdamer Platz sehr einfach konstruiert. Eine flexible, aber sehr stabile Holzkonstruktion fungiert als Rahmen, in dem eine robuste Folie aufgespannt wird. Diese wird mit Wasser gefüllt. Ein solarbetriebener Filter plus eine leistungsstarke Umkehrosmoseanlage sorgen für sauberes Wasser und flexible Sonnensegel mit Bariumsulfat-Superweiß für Schatten und Hitzerückstrahlung zurück in den Weltraum und damit vor allem raus aus Berlin. Die ganze Poolanlage inklusive der technischen Installationen für die Stromerzeugung, der Filter, der Umkleiden und Liegestühle ist so konstruiert, dass sie auf zwei Lkw passt. Im Winter können die Pools so sehr leicht eingelagert und im Frühjahr schnell wieder aktiviert werden. In den letzten Jahren hat man sich angesichts der zunehmenden Trockenheit aber dazu entschieden, die vielen Pools im Winter auf die Freiflächen der Klär- und Wasseraufbereitungsanlagen der Berliner Wasserbetriebe zu stellen. Dort sammeln sie die Niederschläge, die dann im trockenen Frühjahr als Ergänzung der immer schwierigeren Wasserversorgung eingesetzt werden können. Die Firma PopPool hat aktuell verschiedene Anlagen im Betrieb. Neben dem Typus auf dem Potsdamer Platz, der sich in verschiedenen Ausführungen auch am Alex, in der Hasenheide, auf dem Tempelhofer Feld und noch an vielen anderen wasserfernen Orten finden lässt, sind vor allem die Badeschiffe an der wasserarmen Spree und am Havelufer die großen Publikumsmagneten, die im Sommer zur Abkühlung und im Winter als Saunabadanlagen oder ebenfalls als Niederschlagsspeicher genutzt werden können. Sie finden sich entlang des gesamten

Spreeufers vertäut, von der riesigen Rummelsburger Bucht über Kreuzberg, Mitte, das Regierungsviertel bis nach Charlottenburg hinein. Als Pools dienen hier die Ladeflächen ausgemusterter Schubleichter aus der Binnenschifffahrt. Und schließlich gibt es noch die ganz kleinen Pop-up-Pools, die aus aufblasbaren Kunststoffmaterialien konstruiert sind. Sie sind am kostengünstigsten und flexibelsten einsetzbar und kommen im Sommer vor allem an Spielplätzen und Parks für die Kinder zum Einsatz.

Diese hochflexible Pop-up-Kultur sagt viel über die neue Berliner Mentalität aus, auf die Herausforderungen der Erwärmungsepoche mit Flexibilität, Redundanz, funktionalen Mehrfachbelegungen von Infrastrukturen, mit Kreativität und Erfindungsreichtum innovativ zu reagieren. Ja, die Dinge ändern sich ständig und Berlin mit ihnen. Ständiges Veränderungsmanagement: Das ist die neue Berliner Resilienz.

Die Berliner Chef-Klimaanpasserin und ich sind nach diesem erfrischenden Besuch weiter im E-Auto unterwegs. Es geht zur Schaltzentrale der CityWeiß GmbH, die dafür zuständig ist, die Stadtoberfläche weiß anzustreichen und danach weiß zu halten. Ich bin gespannt, denn ich habe dazu ja schon früher einmal vor Ort in den USA recherchiert. Während der Fahrt nach Tegel nehmen wir unseren Gesprächsfaden zum Klimabauhaus-Masterplan wieder auf.

„Am Ende der drei Monate und nach den ersten Runden der Bürgerbeteiligung stand der Masterplan in seinen wichtigsten Zügen. Er sollte drei Zündstufen haben, die sich in der Realität zeitlich aber durchaus überschneiden konnten. In Stufe eins ging es uns ab sofort zunächst um die nötige Vorausschau, Protektion und Information, also um den unmittelbaren Schutz und die Entlastung der Einwohner_innen, etwa durch die schnelle Improvisation von öffentlichen Kühlräumen bis zu einem späteren Zeitpunkt, zu dem wir systematisch die Bedarfe durchgerechnet hatten und mit konkreten Ansiedlungs- und Gestaltungstypologien der Kältepunkte verbinden konnten. Es ging uns in dieser ersten Zündstufe aber auch um schlichte Aufklärung und die Stimulierung von Hitzerisikobewusstsein in der Bevölkerung, darum, schnell einige symbolische Projekte mit großer Öffentlichkeitswirksamkeit anzuschieben, und schließlich darum, Verantwortlichkeiten zu klären und dauerhafte Strukturen der Risikovorsorge einzurichten. Wir bauten das zentrale Frühwarn- und Informationssystem für klimabedingte Wetterextreme auf, das heute mithilfe einer neuen Software in der Lage ist, zukünftige Gefahrenlagen durch Starkregen oder Hagel und ihre Auswirkungen fast gebäudeauflösend genau zu erkennen. Dazu kamen die Aktualisierung und Fortschreibung der Verwundbarkeitsanalyse der städtischen kritischen Infrastrukturen und der verschiedenen Siedlungstypen. Das war dann die Basis für die Neuaufstellung und – soweit finanziell möglich – die Erweiterung der Krisenreaktionskräfte und ihrer Ausstattung. Und schließlich mussten wir die nötigen gesetzlichen Grundlagen vorbereiten, um schnell reagieren zu können, so wie heute zum Beispiel mit einem Fahrverbot für fossile Fahrzeuge. Danach bündelten wir ziemlich schnell und erfolgreich die gesamte Krisenreaktionskompetenz im Berliner Krisenreaktionszentrum. Da wurden dann die Verantwortlichkeiten für die verschiedenen Kompetenzen wie zum Beispiel das Frühwarnsystem und die Krisenreaktion dauerhaft verankert, miteinander verschränkt und die verlässliche Kommunikation von Lagedaten mit den exekutiven Instanzen wie dem Regierenden Bürgermeister oder der Polizeiführung direkt verknüpft. Am Ende von Zündstufe eins waren wir in der Krisenprävention und -reaktion meiner Überzeugung nach schon weiter als die meisten anderen deutschen Städte. Das war uns als Hauptstadt sehr wichtig und wurde von uns im Grunde ja auch unbedingt erwartet. Das oberste Ziel von Zündstufe eins war jedoch die Sensibilisierung der Einwohner_innen, ihre möglichst lückenlose Information über neue Regelungen und Hilfsangebote und vor allem die Einbindung möglichst vieler Menschen in die anzuschiebenden Transformationen. Damit zielten wir zunächst vor allem auf die Bereitschaft, uns beim Schutz des bestehenden städtischen Grüns zu unterstützen und auch bei der sofortigen Aufforstung Hilfe zu leisten, vor allem über die sogenannten Baumpatenschaften[29], also im Grunde die Wasserversorgungsverantwortlichkeit für Bäume und Grün in ihrem jeweiligen Lebensumfeld. Allein konnte die Stadt es gar nicht leisten, alle bereits bestehenden und dann auch noch die neuen Anpflanzungen zu schützen und durch die sehr verletzlichen ersten Jahre zu bringen."

Wir sind in Tegel beim Hauptsitz der CityWeiß angekommen. Wie es dazu kam, die gesamte Stadt zu weißeln, ist laut

29 → Bei der Übernahme einer Baumpatenschaft erhielten die jeweiligen Personen oder Familien eine kostenlose Gießkanne und die Berechtigung, gegenüber den Wasserbetrieben einen Teil ihres Trinkwassers als Brauchwasser günstiger abzurechnen. Dort, wo private Brunnen vorhanden waren oder später dann Grauwasseranlagen entstanden, wurde darauf zurückgegriffen. Alle Baumpat_innen nahmen automatisch an der Auslosung der „Baumpat_innen des Jahres" teil. Die Preisgelder waren nicht unerheblich und die Wahrscheinlichkeit zu gewinnen signifikant größer als in üblichen Lotterien, sodass dadurch ein erheblicher zusätzlicher Anreiz zur Beteiligung geschaffen wurde.

meiner Gesprächspartnerin ein gutes Beispiel für die sinnvolle Organisation der Bürgerpartizipation im Klimabauhaus Berlin. Um die Akzeptanz des Prozesses und die Legitimation der Ergebnisse zu erhöhen, wollte man von Anfang an ganz bewusst auch die Bottom-up-Innovationen einbinden, die Sorgen ernst nehmen, aber vor allem auch die Ideen und Kreativität der Bürger_innen stärken und davon profitieren. So kam es dann auch zum superweißen Berlin: Ein eigentlich ganz normaler Weddinger Malermeister, allerdings mit großen Ambitionen, hatte sich Anfang der 2020er-Jahre Gedanken darüber gemacht, mit welchen neuen Angeboten er sich gegenüber der Konkurrenz einen Vorteil würde verschaffen können beim Thema Hitzeschutz. Er hatte einen Migrationshintergrund aus Nordafrika und erinnerte sich an die uralte Vorgehensweise seiner Vorfahren, mit Außenweiß die Hitze in den Gebäuden zu reduzieren. Bei seiner Recherche stieß er auf eine damals brandneue Studie der Purdue University in Indiana über die Entwicklung einer neuen superweißen Farbe und verfolgte das weiter. Als dann die Quartiersbürgerdialoge begannen, brachte er das mit viel Überzeugung ein und konnte sich die Aufmerksamkeit verschaffen, die nötig war, um die Idee in die Klimabauhaus-Innovationsprozesse prominent einzubringen.

„Die Stadt hat die Idee von Anfang an sehr ernst genommen – als schnell und vergleichsweise unproblematisch umzusetzende Sofortmaßnahme in der ersten Zündstufe des Klimabauhaus-Masterplans. Hier ging es ja vor allem um eine schnelle, wenig eingreifende und kostengünstige Entlastung für die Bürger_innen. Mit organisatorischer und finanzieller Unterstützung des Senats half man dem Malermeister bei der Skalierung seiner Idee. Das Beschaffungsamt des Landes organisierte eine hinreichend große Menge Farbe für die ersten Tests. Als diese positiv verliefen, orderte man zentral und damit günstiger große Mengen der Farbe. Später fand man sogar einen Produzenten in Deutschland, der die Rechte am Patent der amerikanischen Universität erwarb, um in das Geschäft europaweit einzusteigen. Im ersten Schritt wurden nun die Dächer und sonnenzugewandten Seitenflächen der großen öffentlichen Gebäude der Stadt, das Regierungsviertel, die Universitäten und andere Institutionen mit der Farbe bestrichen. Für die Finanzierung der weiteren Skalierung und um eine breite Beteiligung auch der privaten Institutionen, Unternehmen und Hausbesitzer_innen zu erreichen, entwickelte der Senat ein recht geschicktes Modell, das zunächst für die Besitzer_innen von Immobilien mit Klima- und Kühltechnologie besonders interessant war: Wer mitmachte, bekam die Farbe für den Haus- und Dachanstrich weit unter Marktpreis angeboten; dafür wurde von den Immobilieneigentümer_innen erwartet, dass sie die Summe der geschätzten Kosten des durch den Anstrich eingesparten Stroms für den Betrieb der Klimaanlagen drei Jahre lang an den Senat abtraten, damit dieser die weitere Finanzierung der Farbe und der Personalkosten der CityWeiß sichern konnte. Nach den drei Jahren verblieben diese Einsparungen dann dauerhaft bei den Immobilienbesitzer_innen. Das war für die meisten angesichts der erwartbar steigenden Temperaturen ein gutes Geschäft. Auch mit weiteren Finanzierungsmodellen wird bis heute experimentiert."

Malermeister Rokbani jedenfalls machte das Geschäft seines Lebens, bis die Angelegenheit seine Ambitionen überstieg und er seine Firma im neuen und teilweise stadteigenen

Unternehmen CityWeiß aufgehen lassen konnte. Die neue Firma hat heute insgesamt noch fast 2.000 Mitarbeiter_innen, um die Stadt weiter superweiß strahlen zu lassen. Hier können auch viele der Migrant_innen relativ schnell eine recht gut bezahlte und sichere Beschäftigung finden. Es war eine wirklich verrückte Entscheidung, aber so unglaublich wirksam, dass heute fast überall, wo man das Superweiß aufbringen kann, das Superweiß auch zu finden ist ...

## Das superweiße Berlin: eine Farbe als kostengünstige Klimaanlage – Bariumsulfate kühlen Berlin, Reisebericht von Carla Rodriguez, Berlin, 27. Juli 2050

Was einem sofort auffällt, wenn man über Berlin zur Landung ansetzt, sind die extrem weißen Dachbeschichtungen und Hauswände, die das Sonnenlicht reflektieren sollen. Berlin sieht aus wie die uralten weißen Städte und Dörfer in Andalusien oder in Nordafrika. Auch die Böden von Parkplätzen, Schulhöfen, Sportstätten und Gewerbehöfen, die Dächer von Krankenhäusern, Schulen und Universitäten, die Schienen von S-Bahnen und die Dächer der Bahnhöfe und Haltestellen, der Busse und Straßenbahnen sind in Weiß gehalten. Das Weiß ist überall zu sehen, wo immer man die extra dafür entwickelte Oberflächenbeschichtung auf Bariumsulfatbasis problemlos aufbringen konnte. So wird es drinnen sehr viel weniger heiß, man benötigt weniger Kühlung und die Stadt als Ganzes heizt sich nicht so schnell auf. Mittlerweile werden auch die Taxis und Privatautos mit der Anti-Hitze-Farbe beschichtet. Erst waren es kleine Autolackierereien und Privatleute, die darauf gekommen waren, heute hat auch die Autoindustrie den Trend aufgegriffen. So entlastet sie die Klimaanlagen in den Fahrzeugen und reduziert damit den Energieverbrauch und schließlich auch die unerwünschten zusätzlichen Hitzeemissionen der Autos.

Wissenschaftler_innen der Purdue University in West Lafayette im US-Bundesstaat Indiana hatten die bisher weißeste Farbe schon vor einem Vierteljahrhundert entwickelt. Diese Farbe strahlt so hell, dass sie 98,1 Prozent der einfallenden Sonnenstrahlung reflektieren kann und sogar eine kühlende Wirkung hat. Denn sie reflektiert fast das gesamte sichtbare Lichtspektrum, einschließlich der Infrarotstrahlen. Messungen haben gezeigt, dass sich mit der neuen Farbe angestrichene Oberflächen in der Mittagssonne um bis zu 4,5 Grad gegenüber der Umgebung abkühlten. In der Nacht waren es sogar bis zu 10,5 Grad. Die Farbe besteht im Wesentlichen aus Bariumsulfatpartikeln von unterschiedlicher Form und Größe. Als Füllstoff für die Farbe verwendeten die Forscher eine Formel aus Kalziumkarbonat. Diese Verbindung kommt häufig unter anderem in Felsen und Muscheln vor. Die Farbe verhält sich dadurch wie ein übliches kommerzielles Produkt, allerdings eben mit stark verbesserten Kühleigenschaften. Durch die hohe Konzentration von Bariumsulfat und unterschiedliche Partikelgrößen zwischen 270 und 530 Nanometern hat die Farbe eine sehr breite Spektralstreuung, wodurch ein größerer Bereich des Lichtspektrums reflektiert werden kann als bisher. Hinzu kommt, dass die Farbe ein sehr hohes Strahlungsvermögen im sogenannten atmosphärischen Fenster hat. In diesem speziellen Wellenlängenbereich ist die Atmosphäre weitgehend durchlässig und die abgegebene Wärmestrahlung kann fast ungehindert ins Weltall entweichen. Der Vorteil einer solchen weißen Farbe mit kühlender Wirkung liegt auf der Hand: Sie könnte, auf Dächern und Fassaden angebracht, die Temperaturen in den städtischen Wärmeinseln reduzieren und damit auch die Nutzung elektrisch betriebener Klimaanlagen verringern.

Diese „städtischen Wärmeinseln" treten häufig in städtischen Gebieten auf, wo sich aufgrund der engen Bebauung die Hitze stauen kann und so die Temperaturen steigen. Würde man zum Beispiel ein 92 Quadratmeter großes Dach mit dem Anstrich versehen, erzielte man eine Kühlleistung von zehn Kilowatt, so die Forscher. Damit könne die Farbe mit einer handelsüblichen Klimaanlage mithalten. Und billiger ist sie auch noch. Außerdem: Klimaanlagen können ein Haus kühlen, aber sie leiten die Wärme bloß von innen nach außen und die Wärme bleibt also immer noch in der Stadt und immer noch auf der Erde. Die neue Farbe verbraucht nach dem Herstellungs- und Verarbeitungsprozess keine weitere Energie und leitet die Wärme in den Weltraum. Die Hitze bleibt nicht auf der Erde, sodass damit ein Beitrag geleistet wird, um die Erde abzukühlen und den Erwärmungstrend zu stoppen. Mithilfe statistischer Modelle haben die Forscher_innen abgeschätzt, dass ihre ultraweiße Farbe den Bedarf an Klimaanlagen in heißen Städten wie Reno (Nevada) und Phoenix (Arizona) um bis zu 70 Prozent reduzieren könnte. Ein ganz extremes Modell zeigt auf, dass eine Beschichtung von 0,5 bis 1 Prozent der Erdoberfläche – Gebäude, Straßen, ungenutztes Land, fast alles – mit der ultraweißen Farbe ausreichen würde, um den globalen Erwärmungstrend zu stoppen. Die Farbe müsste allerdings auf einer Vielzahl von Objekten, wie Straßen, Dächern und Autos, auf dem ganzen Planeten aufgetragen werden. Welche zukünftigen

Auswirkungen diese Erfindung für das nachhaltige Bauen haben kann, ist leicht auszumalen ...

Nach dem Besuch in Tegel bin ich doch einigermaßen begeistert von den Berliner_innen. So schlicht und pragmatisch wird hier umgegangen mit der Bereitschaft zu gesteigerter Widerstandsfähigkeit und dazu, auch in Veränderungen zu investieren, die den Lebensgewohnheiten oder auch ästhetischen Vorlieben zunächst widersprechen. Die Firma CityWeiß ist auf dem Gelände des ehemaligen Flughafens Tegel untergebracht. E-Transporter mit Farbe und Streichutensilien fahren rund um die Uhr ein und aus, Menschen kommen und gehen. Am Anfang wurde im Schichtbetrieb gearbeitet, um möglichst schnell möglichst viel Fläche zu weißeln. Heute geht es wieder ruhiger zu und man beginnt langsam das Personal auf die für die Flächenweißhaltung ausreichende Größe zu reduzieren. Auch andere Einrichtungen wie das Krisen- und Reaktionszentrum fanden hier in Tegel einen neuen Standort. Tegel ist heute ein sehr spannender Innovationshub, ein Beispiel gelungener urbaner Transformation weg vom fossilen Betrieb eines Flughafens hin zu einem Campus für postfossile urbane Veränderung. Ganz nebenbei hat man dort wie auch auf dem Gelände des ehemaligen Flughafens Tempelhof mit viel Grün in aufgelockerter Pflanzung, Wasserrückhalteflächen, Sickerflächen für Niederschläge, Siedlungswohnbebauung und Tiny Houses in Holzbauweise ein weiteres überzeugendes Stück Klimabauhaus geschaffen. Auf dem Weg nach Spandau zu unserem letzten Termin an diesem Tag bei der Berliner Fernkälte wird meine Begleiterin mir noch ein weiteres Kernelement des Masterplans erklären.

„Das Projekt der Berliner Fernkälte, das wir jetzt gleich besuchen werden, ist genau wie das Superweiß eine Idee, die wir in der ersten Zündstufe angeschoben haben, aber erst in der zweiten Phase des Masterplans so richtig starten konnten. Es ist zudem auf Dauer angelegt und deswegen im Grunde auch ein Teil der Zündstufe drei, in der es ja vor allem um eine dauerhafte, mittel- und langfristige Transformation von urbanen Strukturen und Prozessen geht. Die Fernkälte-Idee wurde ebenfalls in den initialen Planspielen entwickelt und danach wurde entschieden, das Projekt dauerhaft auszurollen. In dieser Phase haben wir uns intensiv wissenschaftlich beraten lassen und weltweite Expertise eingeholt. So kamen wir auf die Ursprungsidee der Pariser Fernkälte und fanden sehr plausible Ähnlichkeiten zwischen Paris und Berlin mit dem Unterschied, dass Berlin nicht so dramatisch eng bebaut ist wie Paris und deswegen der Hitzeeffekt in der Berliner City nicht ganz so ausgeprägt ist. Außerdem können wir hier viel mehr mit städtischem Grün kühlen, weil wir den Platz für Oberflächenentsiegelung und Neubegrünung haben, was letztlich immer die allerbeste Kühlanlage ist …"

## Berlins Megaklimaanlage: öffentliche Fernkälte als Daseinsvorsorge, Reisebericht von Carla Rodriguez, Berlin, 27. Juli 2050

Die dritte meiner spektakulären Erkundungen mit der Leiterin der Klimaanpassungsbehörde im Berliner Klimabauhaus führt mich zur Berliner Fernkälte (BFK). Die BFK wird vom Land Berlin betrieben und finanziert, als Dienstleistung der in Europa so genannten öffentlichen Daseinsvorsorge für die einzelnen

Bezirke und die großen Landeseinrichtungen. Man hatte sich Ende der 2020er-Jahre ein Beispiel an Paris genommen und dort Rat geholt, wo diese Idee weltweit zum ersten Mal überhaupt umgesetzt und erprobt worden war. Auch in Berlin wird das Wasser für die Kühlanlage wie in Paris aus den städtischen Flüssen und Kanälen an verschiedenen Stellen entnommen. Die Rohrleitungen dafür wurden mit relativ wenig Aufwand in den schon existierenden Tunneln und Röhren der Kanalisation installiert. In Berlin kommt aber noch die Besonderheit des alten Rohrpostsystems dazu, das bis in die 1960er-Jahre betrieben und niemals vollständig abgebaut worden war. Über die Abwasserrohre der Kanalisation und die Nachnutzung der Rohrpostleitungen kann das Wasser aus Spree und Havel fast in jede Ecke des Stadtgebiets geleitet werden. Beim Ortstermin in einer Wasserentnahmestelle an der Spandauer Havel erklärt mir der dortige Betriebsleiter, wie man vorging: Die erste Ausbaustufe von 200 Kilometern wurde im Jahr 2028 begonnen und umfasste die Leitungen zu den Großverbrauchern der Fernkälte, den Gebäuden des Regierungsviertels um den alten Reichstag, die großen Universitäten, die Krankenhäuser, Museen und Hotels in der City, aber auch den Flughafen BER und die Bahnhöfe. Dafür wurden neben den Entnahmestellen zunächst auch 15 Kühlzentren aufgebaut. Hier wird das Wasser gereinigt und mit regenerativem Strom für die Kühlaggregate auf knapp 3,5 bis 6 Grad Celsius heruntergekühlt, bevor es schließlich zu den Endverbraucher_innen geleitet wird. In den über die Kanalisation oder die Rohrpost angeschlossenen Gebäudekomplexen wird die Kälte des Wassers dann über dezentrale Wärmetauscher in die Leitungen der dort schon vorhandenen jeweiligen Klimaanlagen eingespeist. Das dadurch wieder etwas, aber nicht stark erwärmte

Wasser wird zurückgeleitet in Spree, Havel und die Kanäle. Aber auf dem Weg dahin wird aus diesem unterirdischen Strom an vielen Tausenden Entnahmestellen noch Wasser für die urbanen Gärten Berlins entnommen, die auf den wenigen noch freien Flächen, auf den Hausdächern und vor allem an den Hauswänden vieler Gebäude nachträglich installiert wurden. So wird das Kühlsystem gleichzeitig als ein von der kostbaren Trinkwasserversorgung sauber getrenntes dezentrales Bewässerungssystem eingesetzt, das die bereits installierten Brauchwassersysteme der urbanen Gärten nach Bedarf ergänzen kann. Der größere Rest des Wassers wird schließlich wieder in die oberirdischen Gewässersysteme zurückgeleitet. Und weil es ja zuerst gesäubert werden musste, um die Pumpen und Rohre nicht zu verstopfen, wird so auch die Wasserqualität von Spree und Havel ständig ein wenig verbessert, was sich letztlich auch positiv auf die Wasserqualität an den Uferfiltrat-Entnahmestellen auswirkt, die den größeren Teil der Berliner Trinkwasserversorgung garantieren. Die regenerative Energie für den Betrieb der Kühlaggregate und Pumpensysteme kommt aus dem städtischen Stromnetz, das sich bis heute zu einem komplexen hybriden System öffentlicher und privater Versorger weiterentwickelt hat, in das der Strom von privaten Hausdächern oder – im Fall von Niedrigtemperaturwärmetauschern – auch dezentral von Gärten, Balkonkollektoren, kleinen Windrädern und Flettner-Rotoren auf Hochhausdächern etc. eingespeist wird. Das System der Fernkälte funktionierte in Berlin von Anfang an sehr gut. Selbst wo die Wohn- oder Nutzgebäude bereits eine sehr hohe Energieeffizienz aufwiesen, war es mit dem Stadtkühlsystem möglich, sie noch weiter zu senken. Deswegen ging man schließlich in einer zweiten Ausbaustufe bis 2040 daran, auch die großen Wohnsiedlungen bis hin zu gesamten Siedlungsgebieten an die Stadtkälte anzuschließen. Ihre flexible, digital gesteuerte semidezentrale Netzinfrastruktur aus öffentlichen und privaten Produzent_innen wie Konsument_innen, Versorger_innen wie Nutzer_innen ist ein weiteres Beispiel für die ungeahnten Potenziale zur Energieeinsparung, die sich mit der durch die Erderwärmung erzwungenen Neuerfindung der urbanen Infrastrukturen ergeben haben.

Nach diesem Termin fährt meine Gesprächspartnerin wieder zurück ins Rote Rathaus. Ich habe heute noch ein Treffen mit der Leitung des Berliner Krisenreaktionszentrums hier in Tegel. Morgen geht es dann weiter mit der urbanen Exkursion. Es wird abschließend um die grüne und die gebaute Infrastruktur und die Zukunft der Berliner Stadtentwicklung gehen ...

### Das Krisenreaktionszentrum Berlin
### Reisebericht von Carla Rodriguez, Berlin, 27. Juli 2050

Das Krisenanpassungs- und Krisenreaktionszentrum (KKRZ) ist in einem Teil des ehemaligen Flughafengebäudes in Tegel untergebracht. Der Leiter holt mich am Fahrstuhl ab und führt mich durch die gesicherte Tür. Das KKRZ ist als autonom überlebensfähiges Lagezentrum angelegt. Es hat eigene Luftfilter, Wasser- und Nahrungsmittelkonserven, Zugang zu besonders gesicherter IT-Infrastruktur und basiert zur Sicherung zusätzlich auf analogen und redundant gestalteten Systemkomponenten. Es gibt Direktschaltungen zum Büro des Regierenden, zum Bundeskanzleramt, zum Innenministerium, zu den Lagezentren von Polizei, Technischem Hilfswerk, zum Berliner Hitzerat[30] – einer Einrichtung, die sich aus wissenschaftlichen Expert_innen, Politiker_innen und erfahrenen Krisenreaktionsfachleuten zusammensetzt – und weiteren Einsatzkräften.

Das KKRZ ist gewissermaßen der urbane Krisenradar Berlins. Hier findet neben einer permanenten Auswertung aller potenziellen Gefährdungslagen für die Stadt vor allem auch die Echtzeitanalyse von Klima- und Erwärmungsparametern statt. Möglich ist seit einiger Zeit sogar die Simulation des urbanen Mikroklimas in einer Art Klimasimulationskapsel. Hier arbeiten Meteorolog_innen zusammen mit Digitalisierungsexpert_innen daran, möglichst klare Lagebeschreibungen zu verfassen, zum Beispiel auch auf der Grundlage eines regelmäßig anhand aktueller Daten fortgeschriebenen Hitzekatasters. Im Bedarfsfall werden die vorausgeplanten Eingriffs- und Einsatzszenarien ausgelöst und im Nachgang ausgewertet, um im nächsten Fall noch besser gerüstet zu sein …

30 → Hier ein Vorschlag aus dem Gesetzentwurf zum Berliner Baumentscheid: „(3) Der Senat leitet die Klimarisikoanalyse für das jeweilige Vorjahr bis zum 30. Juni dem Hitzerat gemäß § 13 zu. Der Rat prüft die Klimarisikoanalyse und nimmt innerhalb von zwei Monaten detailliert öffentlich Stellung. Der Senat leitet die Klimarisikoanalyse sowie die öffentliche Stellungnahme des Rats an das Berliner Abgeordnetenhaus und den Rat der Bürgermeisterinnen und Bürgermeister weiter. Auf Einladung mindestens einer Fraktion des Berliner Abgeordnetenhauses stellt die Regierende Bürgermeisterin beziehungsweise der Regierende Bürgermeister die aktuelle Klimarisikoanalyse jeweils einmalig dem Berliner Abgeordnetenhaus vor. Die zuständige Senatsverwaltung stellt die Klimarisikoanalyse dem für Klimaanpassung zuständigen Ausschuss des Berliner Abgeordnetenhauses in öffentlicher Sitzung vor."

## Die Schwammstadt Berlin – Wasserkreislaufmanagement als Zukunftsstrategie, Reisebericht von Carla Rodriguez, Berlin, 28. Juli 2050

Wir sind heute Morgen erneut gemeinsam in Tegel, die Klimaanpassungsmanagerin und ich. Sie will mir hier eine besondere Maschine zeigen. Da bin ich gespannt. Doch zuvor erklärt sie mir in den Räumen der Berliner Regenwasseragentur noch einmal sehr anschaulich, was eine Schwammstadt ist. Sie nimmt einen Schwamm, taucht ihn in ein Wasserbecken und wringt ihn dann über einer Schüssel aus. Ich bin überrascht, wie viel Wasser der Schwamm abgibt. Fast die gesamte Schüssel ist voll. „Dieser Schwamm kann das 20- bis 25-Fache des eigenen Gewichts an Wasser aufnehmen. Und genau so funktioniert eine Schwammstadt: Sie nimmt bei Regen das Wasser auf, insbesondere bei Starkregen, der mit der Erderwärmung immer häufiger wird, und speichert es für die Trockenzeiten, die eben leider auch zunehmen. Die Erderwärmung bringt also nicht nur weniger Wasser mit sich, sondern wenn es kommt, kommt es in so großen Mengen, dass die Stadt mit ihren vielen versiegelten Oberflächen das Wasser nicht schnell genug aufnehmen kann. Es versickert nicht langsam, sondern wird als Oberflächenwasser in die Kanalisation geleitet. Die dann eben oft genug versagt hat. Es kam zu Überschwemmungen, die gerade auf tiefer gelegenen Grundstücken zum Problem wurden und im Besonderen auch die kritische Infrastruktur zu schädigen drohten. Das Wasser war dann auch nicht mehr zu gebrauchen für die Auffüllung der Grundwasserbestände. Und diese gewährleisten in Berlin einen guten Teil der Trinkwasserproduktion. Also haben wir angefangen, Berlin zur Schwammstadt umzubauen. Bis dahin war es aber ein weiter Weg. Wir hatten schon vor dem Baumentscheid eine Regenwasseragentur gegründet. Ihre Aufgabe war es damals vor allem, die Berliner Verwaltung, Planer_innen und Bürger_innen bei der Umsetzung dezentraler Lösungen in der Regenwasserbewirtschaftung zu unterstützen, meistens durch die Bereitstellung von Informationen. Letztlich war sie aber personell und finanziell zu schlecht ausgestattet und mit dieser Herkulesaufgabe überfordert." Wie sie das so erklärt, denke ich, dass sie wirklich eine versierte Wissensvermittlerin ist. Muss sie auch sein, denn das Berliner Klimabauhaus versteht sich ja als ein Schaufenster der gelingenden städtischen Transformation, will Vorbild sein. Und zur Aufgabe der Klimaanpassungsagentur gehört nun eben auch, dieses Schaufenster zu öffnen und die Bühne zu bespielen. Sie fährt fort: „Das Wichtigste war zunächst, die vielen versiegelten, also betonierten, gepflasterten oder asphaltierten Oberflächen der Stadt wieder zu entsiegeln, damit das Regenwasser idealerweise direkt am Ort des Niederschlags aufgesaugt wird. Wir haben dafür von der TU Berlin eigens eine Entsiegelungsmaschine entwerfen und bauen lassen, deren Patent die TU dann erfolgreich in ganz Europa vermarktet hat. Auch andere Städte wollten ja dann zügig ihre Oberflächen entsiegeln. Später gelang es, recycelten Beton sogar zu einem Zementzusatz zu verarbeiten und so das Volumen der sehr energieintensiven Produktion von Zement zu reduzieren. Wir haben das damals gleich an den ehemaligen Landebahnen von Tegel ausprobiert und dieses riesige Areal entsiegelt." Mit diesen Worten führt sie mich auf einen Vorplatz der Agentur zu einer wuchtigen Maschine. Sie sieht ein bisschen aus wie ein riesiger Mähdrescher: mit einer Art großer dorniger Walze vorne, einer voluminösen Mitte und einem langen Auslassrüssel hinten.

Damit schafft sie es, innerhalb recht kurzer Zeit betonierte oder asphaltierte Flächen aufzubrechen, das Material zu schreddern und auf bereitstehende Lkw auszulassen. Das Schreddermaterial kann dann zum Beispiel für die Fundamente von Neubauten weiterverwendet werden ...

„Doch die Schwammstadt-Philosophie bedeutet ja noch viel mehr als das Entsiegeln von Flächen, zum Beispiel von Schulhöfen oder Parkplätzen. Sie umfasst ja vor allem ein kluges Regenwassermanagement durch ganz gezielt gestaltete Sickerflächen, etwa auf Spielplätzen oder in Parks, Regenwasserauffangbecken und -speicher in Kellern oder Zisternen, Urban Gardening auf Hausdächern oder Vertical Farming an den Hauswänden, zum Beispiel mit Efeu, Weinranken oder Stangenbohnen. Wir machten das Regenwasser- und Grauwassermanagement zur Auflage für alle Neubauquartiere und schufen ein ständig aktuell gehaltenes Starkwassergefahrenkataster des gesamten Stadtgebiets. Schließlich gingen wir so weit, wo es möglich war, die wenigen Berliner Moorflächen wieder zu vernässen. Vor allem aber haben wir mit der massiven Aufforstung der Straßenränder, in den Parks und in neu ausgewiesenen Nischen, oft auch in den Hinterhöfen, gleich nach Beginn des Masterplans dafür gesorgt, dass die neu gepflanzten Straßenbäume mit Wasserspeichern und Gießringen für die Baumpat_innen ausgestattet waren." Ich verstehe jetzt wieder ein wenig mehr, warum Berlin heute von oben fast wie ein Wald aussieht. Mehr Bäume, ja mehr Grün überhaupt produziert Sauerstoff und Verdunstungskühle. Urbanes Grün ist die wirksamste Klimaanlage überhaupt!

**Im Innovationslabor der Berliner Klimabauwende: Besuch in der Klimabauhaus-Universität, Reisebericht von Carla Rodriguez, Berlin, 28. Juli 2050**

Jetzt steht für heute nur noch ein Besuch bei den Stadtplaner_innen, Transformationsdesigner_innen, Ingenieur_innen und Architekt_innen der Klimabauhaus-Universität an. Das Neue Berliner Bauhaus ist ja schließlich vor allem durch eine städtische „Bauwende" möglich geworden, in der alle bislang vorgestellten Prinzipien und Ideen der nachträglichen Stadtbegrünung, des Grau- und Regenwassermanagements, der Schwammstadt, der vertikalen urbanen Gärten oder Dachbegrünungen und schließlich der Nachverdichtung mit holzbasierten Bauweisen vereint worden sind. Der Stadtumbau wurde so schnell zu einem erheblichen Wirtschaftszweig für Planer_innen, Architekt_innen und Bauunternehmen und ihr transformatives Wissen irgendwann auch ein begehrtes Exportgut.

Unser Termin wird im Gebäude der ehemaligen Universität der Künste in der Hardenbergstraße stattfinden, die Anfang der 2030er-Jahre als Klimabauhaus-Universität neu gegründet worden ist. Auf dem Weg dahin drehen wir drei Runden um den Kreisverkehr am Ernst-Reuter-Platz und ich bitte dann doch darum anzuhalten, weil es hier einfach noch so viel zu sehen gibt. Fast alle Hochhäuser am Platz sind sehr eindrucksvoll begrünt, genau wie der gesamte Campus der Technischen Universität und der Klimabauhaus-Universität, die als die ersten Demonstrationsprojekte der Klimabauhaus-Wende auserkoren waren. Der Campus wurde entsiegelt, auf den Dächern und dann auch an den sonnenzugewandten Seiten mit nachträglich dazugebauten

Vertical-Farming-Tragelementen in Holzbauweise ergänzt, die mit Photovoltaikmodulen durchmischt sind. Die gesamte Nutzwasserversorgung wurde nach dem Grauwasserprinzip neu organisiert. Auf dem Telefunken-Haus, dem höchsten Gebäude am Platz, stehen zusätzlich Gerüste in Form künstlich nachempfundener Baumkronen, die mit Kletterpflanzen berankt sind. Von unten sieht das aus wie ein kleiner grüner Wald-Hut auf dem Dach. In der Mitte des Kreisverkehrs steht ein sehr dicht gewachsener Miniwald, in dessen entsiegelter Mitte befinden sich wiederum ein Grasring und eine Sickerfläche rund um den alten Brunnen mit der Fontäne, die heute mit Grauwasser aus dem Telefunken-Haus gespeist und mit photovoltaischem Strom von dessen grüner Sonnenseite betrieben wird. Darum herum Mooswände, Ranken, Laubhecken und Pergolen über den Bänken, die die Unimitarbeiter_innen und Studierenden zur Mittagspause einladen, genau wie die vielen Cafés und kleinen Restaurants, die sich unter Bäumen, Sonnensegeln, Markisen und hinter Hecken und Ranken angesiedelt haben. „Der Ernst-Reuter-Platz war einmal ein Vorzeigebeispiel der autogerechten und beschleunigten Stadt des 20. Jahrhunderts und mit seinem vielen Beton einer der heißesten Orte der Stadt. Heute ist er immer noch wichtig für den Verkehr, aber eben auch ein Ort, der zum Verweilen einlädt. Er ist zusammen mit dem gesamten Campus der TU und der Klimabauhaus-Universität ein Schaufenster und Aushängeschild der Klimabauhaus-Stadtentwicklung."

Auch wir verbleiben hier nun doch ein wenig länger, während meine Gesprächspartnerin ausholt, um unsere letzte Exkursion mit einigen Informationen einzuleiten: „Was wir hier heute sehen, ist das Ergebnis der dritten Zündstufe des Masterplans, der längsten und wichtigsten, weil massiv in die gebauten Strukturen der Stadt eingegriffen wurde und wird. Je tiefgreifender eine Maßnahme ist und je länger sie wirkt, desto wichtiger ist es eben, dass wir vorher genau nachdenken, dass wir wirklich wissen, was wir tun und warum, und deswegen war klar, dass das Klimabauhaus unbedingt wissenschaftlich fundiert sein muss. So kam es zur Gründung der Berliner Klimabauhaus-Universität mit völlig neuen experimentellen Studiengängen, zusätzlichem Personal, einer Verdopplung des Lehrpersonals und einer sehr guten Ausstattung. Das Labor und zugleich der Forschungsgegenstand dieser Einrichtung soll die Stadt selbst sein. Die Klimabauhaus-Universität soll empirisches Wissen über die urbane Klimaanpassung weltweit sammeln, integrieren und weiterentwickeln und dann für Berlin adaptieren. Wir suchten damals die enge Kooperation für den Professoren- und Studierendenaustausch mit den Universitäten weltweit, vor allem aber mit Singapur, das damals und heute immer noch als eindrucksvollstes Best-Practice-Beispiel im internationalen Vergleich gilt, vor allem bei Dach- und Fassadenbegrünung, urbaner Nahrungsproduktion und beim Grauwassermanagement."

Ich erinnere mich an das Gespräch mit der Senatorin und das oberste Credo des Berliner Stadtumbaus, alle gesellschaftlichen, technologischen und wirtschaftlichen Innovationsprozesse der Stadt mit Blick auf den Fluchtpunkt der Erderwärmung neu auszurichten und die planetare ökologische Krise in den Mittelpunkt aller Stadtentwicklung zu stellen. Es seien deswegen alle städtischen Regeln, Routinen und Abläufe mit Blick auf die Klimaresilienz der Stadt neu zu denken, von der Bauordnung bis in die Logistik und die städtischen Dienstleistungen hinein. Im klimaangepassten Berlin sollten Wohnraum und

Infrastrukturen möglichst biobasiert modernisiert werden. Die Baukultur und die „grüne Infrastruktur" sollten miteinander vernetzt, Fassaden, Dächer, Tragwerke und Infrastrukturen selbst sollten biomorph werden und am Ende irgendwann selber eine Art hybrider Organismus werden, der wie eine Pflanze Energie und Biomasse produziert, kostbares Wasser hält und im Kreislauf führt, kühlt und vor Starkwetterkatastrophen schützt. „Für die Integration und anwendungsorientierte Sortierung des Wissens", fährt sie fort, „machten wir die TU Berlin mit ihren Planungsdisziplinen und die benachbarte Universität der Künste zentral verantwortlich, schufen mit der Neugründung der alten Kunstuniversität neue Lehrstühle und Wettbewerbe für innovative Köpfe aus der ganzen Welt. Designer_innen, Planer_innen, Architekt_innen, Umwelt- und Wasserbauingenieur_innen, Meteorolog_innen etc. waren aufgefordert, das Neue Berliner Bauhaus als Akademie des Lebens und als integratives Projekt aller Disziplinen neu zu erschaffen."

Wir sind mittlerweile im Hauptgebäude der Klimabauhaus-Universität angekommen. Professor_innen und Studierende warten bereits auf ein Gespräch, in dem sie ihre neuesten Projekte vorstellen. Es ist eine gemeinsame Entwurfsklasse von Architekt_innen, Stadtplaner_innen und Transformationsdesigner_innen für „Innovationen im urbanen Holzbau und adaptive Void Architecture". Letzteres, so erklären sie mir anhand ihrer digitalen Modelle und Konstruktionspläne, hat zum Ziel, den bislang nicht genutzten und nutzbaren Raum kleinster urbaner Lücken und Nischen, der Voids, mithilfe genau angepasster Holzbauarchitektur für Tiny Houses sehr viel effektiver auszuschöpfen. Void Architecture ist unkonventionell, kostengünstig, minimalinvasiv, hoch standardisiert und trotzdem flexibel adaptierbar. Void-Häuser sind voll ausgestattet mit allem, was ein oder maximal zwei Menschen zum Wohnen benötigen. Sie können gemietet oder gekauft werden und sollen schnell Wohnraumangebot für die durch die Klimamigration wachsende Stadt schaffen. Man kann sie mit einfachen Bauplänen und etwas Geschick und Übung auch selbst bauen. Void-Häuser können unter Brücken und in Unterführungen entstehen, am Rande von Parks und urbanen Tiny Forests, in Hinterhöfen und in den Gärten von Eigenheimsiedlungen, ja sogar auf den dafür geeigneten Dächern großer Wohn- und Bürogebäude. Das Holz als wichtigster nachwachsender Baustoff der Klimabauhaus-Wende soll in den Void-Häusern als CO2-Speicher dienen und die früher üblichen betoninduzierten CO2-Emissionen vermeiden. In diesem speziellen Entwurfsseminar soll es zusätzlich um neue Produktionsmethoden mit holzbasiertem 3-D-Druck gehen. Das Holzfilament ermöglicht den Druck von völlig unkonventionellen Formen und Ästhetiken und – was das Wichtigste ist – es ermöglicht offenbar, fast jede Art von Restholz und Holzabfällen, die früher nur noch als Brennholz oder für die Herstellung von Pellets taugten, als Baustoff aufzuwerten. Ich bin schließlich sehr beeindruckt von den jungen Leuten. Ich kann auch alles verstehen, denn ihre Fachsprache ist Englisch. Sie kommen aus der ganzen Welt und nehmen ihre über das urbane Klimabauhaus erworbenen Kenntnisse dann mit in die Welt, um sie an anderer Stelle wirksam einzubringen.

Voller Hoffnung und Begeisterung verlasse ich die Uni und verabschiede mich von meiner Begleitung, um mit dem Leihrad zurück zum Hotel zu fahren und ein letztes Mal alles auf mich wirken zu lassen, bevor ich zurückreise.

# LITERATUR

Felix Beer/Stephan Rammler: Zwischen den Zeitenwenden. Transformative Resilienz als Leitbild der Zukunftsgestaltung, in: oekom e. V. Verein für ökologische Kommunikation/IZT – Institut für Zukunftsstudien und Technologiebewertung (Hg.): Resiliente Zukünfte. Mut zum Wandel, München 2021, S. 17–26.

Bundesministerium des Innern, für Bau und Heimat (BMI): Stadtentwicklungspolitik, Berlin 2021, www.bmi.bund.de/www.nationale-stadtentwicklungspolitik.de.

Charlie Edwards: Resilient Nation, London 2009.

EEA: European climate risk assessment. Executive summary. Report 01/2024, Kopenhagen 2024.

Karim Fathi: Resilienz – taugt dieser Begriff als „Ein-Wort-Antwort" auf die Häufung von Krisen?, in: Forschungsjournal Soziale Bewegungen. Plus, 29 (4), 2014, http://www.fjnsb.org/sites/default/files/FJSB-Plus/fjsb-plus_2014-4_fathi.pdf.

Ministerium für Landwirtschaft, Umwelt und Klimaschutz (MLUK) des Landes Brandenburg: Strategie des Landes Brandenburg zur Anpassung an die Folgen des Klimawandels, Potsdam 2023.

Fritz Reußwig et al.: Anpassung an die Folgen des Klimawandels in Berlin (AFOK), Senatsverwaltung für Stadtentwicklung und Umwelt, Sonderreferat Klimaschutz und Energie (SRKE), Berlin 2016.

Ute Scheub/Stefan Schwarzer: Aufbäumen gegen die Dürre. Wie uns die Natur helfen kann, den Wassernotstand zu beenden, München 2023.

Senatsverwaltung für Umwelt, Mobilität, Verbraucher- und Klimaschutz (SenUMVK): Wasserwirtschaft, Wasserrecht, Geologie, Berlin 2022.

Philipp Staab: Anpassung. Leitmotiv der nächsten Gesellschaft, Frankfurt a. M. 2022.

Jan Trenczek et al.: Übersicht vergangener Extremwetterschäden in Deutschland. Methodik und Erstellung einer Schadensübersicht. Projektbericht „Kosten durch Klimawandelfolgen", Düsseldorf 2022.

René M. van Westen, Michael Kliphuis, Henk A. Dijkstra (2024): Physics-based early warning signal shows that AMOC is on tipping course. In: Science Advanced No. 10, eadk1189, 9 February 2024.

**Bibliografische Information der Deutschen Nationalbibliothek**
Die Deutsche Nationalbibliothek verzeichnet diese Publikation in der Deutschen Nationalbibliografie; detaillierte bibliografische Daten sind im Internet über http://dnb.dnb.de abrufbar.

ISBN 978-3-8012-0695-6
1. Auflage 2024



**Herausgegeben** von Nora Langenbacher für die Friedrich-Ebert-Stiftung

**Lektorat:** Dr. Christian Jerger
**Redaktionelle Bearbeitung:** Dr. Nora Langenbacher
**Gestaltung und Satz:** Andrea Schmidt, Typografie · im · Kontext
**Druck und Verarbeitung:** Bookpress, Olsztyn


Printed in Poland 2024

Besuchen Sie uns im Internet: www.dietz-verlag.de